Diego Ferrer Durá
Carlos G. Aguilar M.
Roberto Soto V.

Simulación Numérica de un Yacimiento de Gas

Diego Ferrer Durá
Carlos G. Aguilar M.
Roberto Soto V.

Simulación Numérica de un Yacimiento de Gas

Modelado de Yacimientos

Editorial Académica Española

Imprint

Any brand names and product names mentioned in this book are subject to trademark, brand or patent protection and are trademarks or registered trademarks of their respective holders. The use of brand names, product names, common names, trade names, product descriptions etc. even without a particular marking in this work is in no way to be construed to mean that such names may be regarded as unrestricted in respect of trademark and brand protection legislation and could thus be used by anyone.

Cover image: www.ingimage.com

Publisher:
Editorial Académica Española
is a trademark of
International Book Market Service Ltd., member of OmniScriptum Publishing Group
17 Meldrum Street, Beau Bassin 71504, Mauritius

Printed at: see last page
ISBN: 978-620-2-15315-7

Simulación numérica de un yacimiento de gas

Ferrer-Durá, D., Aguilar-Madera, C.G., Soto-Villalobos, R.

Resumen

En este trabajo se presenta la teoría para la simulación numérica de un yacimiento de gas, a manera de continuación del texto previo de (Ferrer Durá & Aguilar Madera, 2017) sobre el modelado de yacimientos de aceite. En esta ocasión se presenta la simulación de un yacimiento de gas volumétrico con propiedades termodinámicas variables. Se presentan casos sencillos mostrando la evolución de los perfiles de presión en un yacimiento unidimensional. El presente trabajo puede ser de utilidad para estudiantes principiantes e intermedios en Ingeniería Petrolera, y cuyo interés sea el profundizar más en el Modelado Matemático de Yacimientos de Hidrocarburos.

Contenido

Conceptos Generales

¿Qué es un Yacimiento Petrolero?

Por definición, un yacimiento es una unidad geológica de volumen limitado, poroso y permeable que contiene hidrocarburos ya sean en estado líquido y/o gaseoso. Los cinco componentes básicos que deben estar presentes para tener un yacimiento de hidrocarburos son:

- Roca fuente
- Migración de hidrocarburos
- Trampa
- Roca almacenadora con Porosidad
- Transmisibilidad ó Permeabilidad

Cabe agregar que el concepto de yacimiento aplica a la roca almacenadora de hidrocarburos y cuya explotación sea económicamente factible con la tecnología y costos disponibles.

Clasificación de los Yacimientos

Existen diversas clasificaciones de los yacimientos, esto de acuerdo al ámbito que se maneje. Algunas clasificaciones se muestran a continuación (Macualo, 2012):

Clasificación de acuerdo al Punto de Burbuja.

1. *Yacimientos Subsaturados.* Son yacimientos cuya presión inicial es mayor que la presión en el punto de burbuja. Inicialmente el hidrocarburo se presenta en fase líquida y se presentan las burbujas de gas cuando se desprenden del crudo una vez que el punto de burbuja se alcanza. Se llegará al punto en que el gas librado se aglutina hasta tener condiciones de flujo hacia el pozo en cantidades cada vez mayores. Por el contrario, el flujo de crudo decrece gradualmente y en la etapa de depleción permanece mucho crudo en el yacimiento.

2. *Yacimientos Saturados.* Son los yacimientos cuya presión inicial es menor o igual que la presión en el punto de burbuja. Este yacimiento es bifásico ya que se compone de una zona gaseosa suprayaciendo una zona líquida. La zona líquida está en su punto de burbuja y será producida como un yacimiento subsaturado modificado con la

presencia de capa de gas; mientras que la capa de gas está en el punto de rocío y podría ser retrógada o no retrógada. Ver la siguiente figura para visualizar el comportamiento de fases.

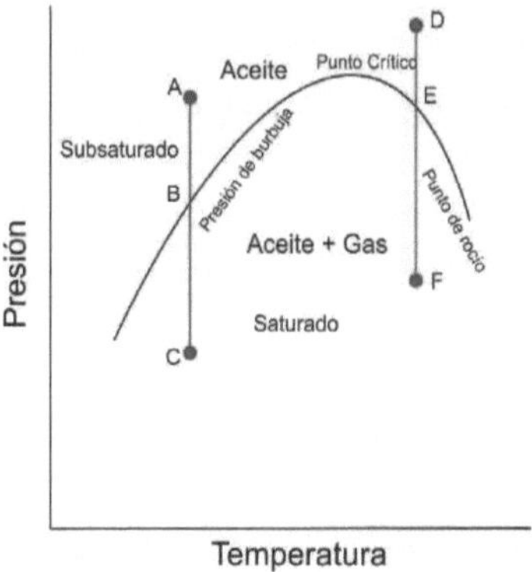

Figura 1. Clasificación de los Yacimientos por el punto de burbuja.

Clasificación de acuerdo al Estado de los Fluidos

1. *Petróleo Negro.* También se le llama crudo de bajo encogimiento o crudo ordinario. Consiste de una amplia variedad de elementos químicos que incluyen moléculas grandes, pesadas y no volátiles. El punto crítico está localizado hacia la pendiente de la curva. Las líneas iso-volumétricas están uniformemente espaciadas y tienen un rango de temperatura amplio. Las temperaturas del yacimiento son menores a 250 °F y tienen una GOR $\leq$ 1000 pcs/STB, el cual se incrementa por debajo del punto de burbuja. La gravedad API es $\leq$ 45. El contenido de las moléculas pesadas C_{7+} es $\geq$ 30%.

2. *Petróleo Volátil.* También son llamados crudos de alta encogimiento o crudos cercanos al punto crítico. El rango de temperatura es menos que en petróleo negro. Las líneas de calidad no están igualmente espaciadas y están desplazadas hacia arriba hacia el punto de burbuja. Un 50% de estos crudos presentes en el yacimiento pueden convertirse en gas cuando la presión cae unos cientos psi debajo del punto de burbuja. Tiene un GOR de 1000 < GOR < 8000 scf/STB y un API que va entre 45 < API < 60.

Éstos últimos se incrementan con la producción a medida que la presión cae por debajo de la presión del punto de burbuja.

3. ***Gas condensado.*** También llamados únicamente 'condensados'. En el diagrama de fases, el punto crítico está por debajo y a la izquierda de la envolvente, esto es el resultado de gases retrógrados conteniendo muy pocos hidrocarburos pesados que los crudos. A medida que la presión cae, el líquido se condensa y comienza a formar crudo, el cual normalmente no fluye y no puede producirse. Tiene una GOR de 70000 < GOR < 100000 pcs/STB y se incrementa a medida que la producción toma lugar. Su API es > 60 dicha que también incrementa a medida que la presión cae por debajo de la presión de rocío.

4. ***Gas Húmedo.*** Todas las líneas del diagrama de gases que contiene la mezcla de los hidrocarburos con sus moléculas predominantes, yacen por debajo de la temperatura del yacimiento. La línea de presión no entra en la envolvente y por tanto no se forma líquido en el yacimiento, pero si en la superficie. Tiene API > 60 y una GOR > 15000 pcs/STB; esta última permanece constante durante toda la vida del yacimiento.

5. ***Gas seco.*** El diagrama de fases muestra una mezcla de hidrocarburos gaseosa a lo largo del yacimiento, así como en superficie, esto debido a que está conformado principalmente por metano y algunos intermedios. Sin embargo, a temperaturas menos a 50 °F, se pueden obtener fluidos de estos gases.

6. ***Asfalténicos.*** Estos yacimientos no se vaporizan ni tienen punto crítico. Las condiciones iniciales están muy por encima y a la izquierda del punto crítico. El rango de temperatura es muy amplio.

Las siguientes figuras muestran la envolvente de fases correspondientes para cada tipo de fluido.

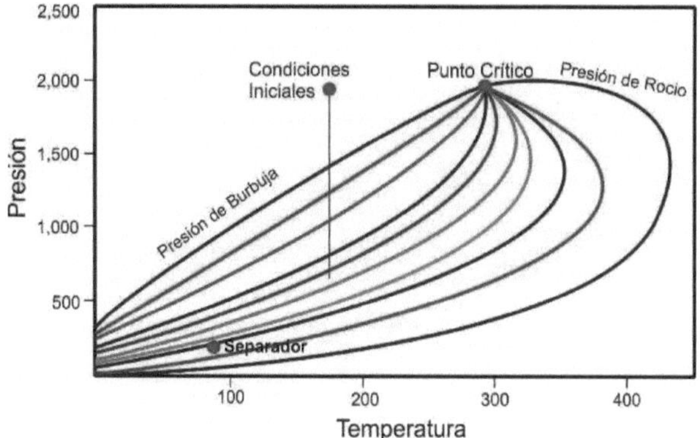

Figura 2. Diagrama de fases de yacimientos de petróleo negro.

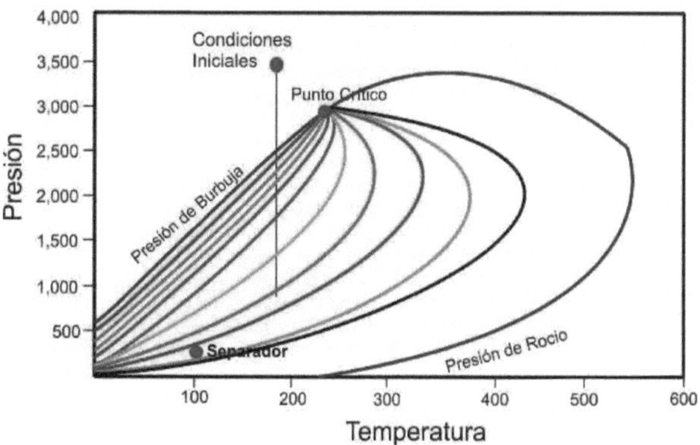

Figura 3. Diagrama de fases de yacimientos de petróleo volátil.

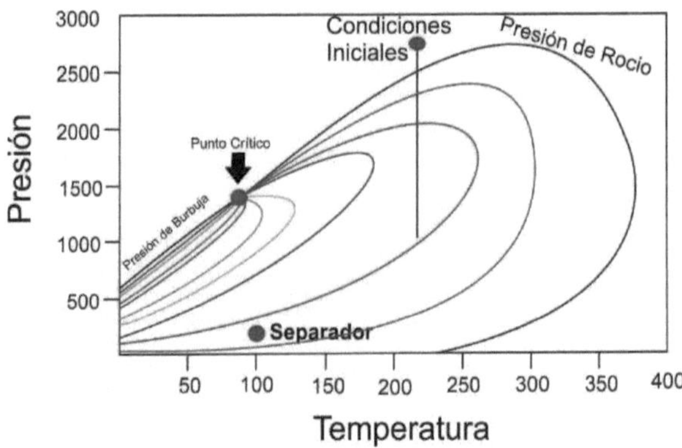

Figura 4. Diagrama de fases de yacimientos de gas condensado.

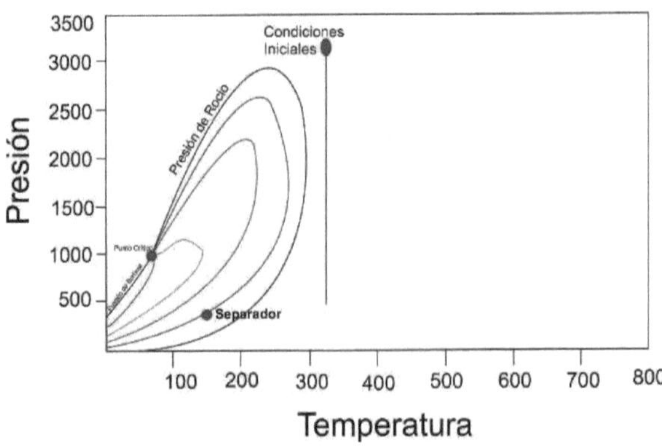

Figura 5. Diagrama de fases de yacimientos de gas húmedo.

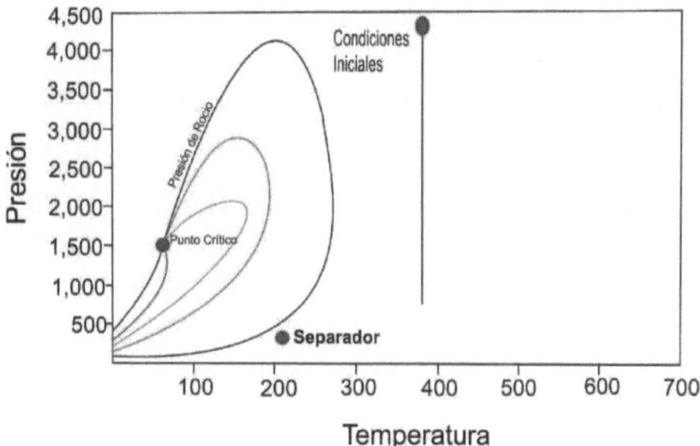

Figura 6. Diagrama de fases de yacimientos de gas seco.

Clasificación de acuerdo a variaciones del volumen originalmente disponible a hidrocarburos.

- *Volumétricos.* Cuando no existe un acuífero adyacente al yacimiento, también se le denomina yacimiento cerrado.
- *No volumétricos.* El volumen disponible a hidrocarburos se reduce por la intrusión de agua procedente de un acuífero aledaño.

Propiedades del Gas

Ecuación de Estado

Se dice que se tiene un gas ideal cuando los volúmenes ocupados por sus moléculas y por las atracciones intermoleculares se pueden despreciar. La ecuación para este tipo de gas es:

$$pV = nRT \qquad (1)$$

del cual, p es la presión, V es el volumen, n es el número de moles, R es la constante de los gases ideales y T es la temperatura. El de R dependerá del sistema de unidades en el cual se haga uso esta ecuación. Sus posibles valores son los siguientes. (Bidner M. S., 2001)

Tabla 1. Valores de la Constante Universal de los Gases. (Archer & Wall, 1986)

Presión	Volumen	Moles	Temperatura	R
psi	ft^3	lb_m	°R	10.73
atm	ft^3	lb_m	°R	0.729
Pa	m^3	Kg	K	8312
atm	m^3	Kg	K	82.05×10^{-3}

La ecuación (1) solo es aplicable para gases cuya presión es cercana a la presión atmosférica. Por eso se ha generado una ecuación que sea adecuada para cualquier caso, llamada Ecuación de Estado para gases reales. En esta ecuación se tiene uno o más parámetros que se calculan mediante correlaciones o de manera experimental. Dicha ecuación es:

$$pV = znRT \qquad (2)$$

Donde z es adimensional y se utiliza el mismo sistema de unidades presentado en la Tabla 1. El valor de z, en la ingeniería de yacimientos, está en función de la presión a temperatura constante del yacimiento, por lo cual, el método de cálculo es de manera experimental o mediante la correlación de Standing y Katz, que está basada en la Ley de los estados correspondientes. (Bidner M. S., 2001)

Ley de Estados Correspondientes.

Esta ley es aplicable para los gases cuyas temperaturas sean mayores que las temperaturas reducidas. En la industria petrolera se utiliza para correlacionar el comportamiento de hidrocarburos y de mezclas de hidrocarburos. Las variables de estado de ésta ley son:

$$T_r = \frac{T}{T_c}, \quad P_r = \frac{P}{P_c} \tag{3}$$

Donde, el subíndice r significa estado reducido y el subíndice c es el estado crítico. Esta ley nos dice que dos gases están en estados correspondientes cuando la temperatura y la presión reducida son iguales para ambos.

Para las mezclas de gases, o en este caso, de hidrocarburos, se determinan la presión y temperatura pseudocríticas p_{pc} y T_{pc} como promedios molares de la presión y temperatura crítica de sus componentes, las cuales se calculan con las siguientes expresiones

$$p_{pc} = \sum y_i p_{ci}$$
$$T_{pc} = \sum y_i T_{ci} \tag{4}$$

Donde la sumatoria se efectúa sobre todos los componentes presentes en la mezcla de gases. El subíndice i es el componente, mientras que y_i es la fracción molar de cada componente, que para gases ideales es igual a la fracción volumétrica.

Se tienen dos modos de calcular la presión y temperatura pseudocríticas, dependiendo de si se conoce la composición del gas o no. En caso de conocer la composición, se utilizan las ecuaciones (4). De no conocerla, se utilizan las correlaciones de (Standing M. , 1977), donde para calcular la presión y temperatura pseudocríticas se parte de la gravedad específica del gas γ_g.

Para las mezclas de hidrocarburos, las propiedades pseudocríticas se correlacionan con el peso molecular y con la densidad del gas, por lo que también se debe calcular la densidad del gas como se muestra a continuación.

$$\rho_g = \frac{m}{V} = \frac{pM}{zRT} \tag{5}$$

Donde la masa m es igual al producto del número de moles por el peso molecular medio M. La densidad relativa del gas respecto al aire es

$$\gamma_g = \frac{\rho_g}{\rho_{aire}} = \frac{\left(M/z\right)_g}{\left(M/z\right)_{aire}} \tag{6}$$

Cuando el gas y el aire se encuentran en condiciones iguales de presión y temperatura. De ser así, el gas y el aire se comportarán como gases ideales, teniendo que

$$\gamma_g \approx \frac{M_g}{29} \tag{7}$$

Pues el peso molecular del aire es 29. El próximo paso es calcular la presión y la temperatura pseudorreducidas con las siguientes expresiones

$$p_{pr} = \frac{p}{p_{pc}} \tag{8}$$

$$T_{pr} = \frac{T}{T_{pc}} \tag{9}$$

Donde p y T son la presión y temperatura a la que se quiere determinar z. conociendo estos dos parámetros pseudorreducidos se puede pasar al diagrama de (Standing & Katz, 1941) que suministra el factor z deseado. El diagrama se mostrará posteriormente en manera de correlaciones (McCoy, 1984). (Bidner M. S., 2001)

Presión y Temperatura pseudocríticas.

Los gráficos y correlaciones para las presiones y temperaturas pseudocríticas en función de la densidad relativa del gas mostradas en el libro de (Standing M. , 1977) se obtuvieron de manera experimental después de 71 muestras de gases naturales y condensados de California. Dichos gráficos se han transformado en las siguientes correlaciones (McCoy, 1984):

$$T_{pc} = A_1 + A_2 \gamma_g + A_3 \gamma_g^2 \quad [^\circ R] \tag{10}$$

$$p_{pc} = B_1 + B_2 \gamma_g + B_3 \gamma_g^2 \quad [psia] \tag{11}$$

Donde γ_g es la densidad del gas relativa al aire, es decir, gravedad específica del gas. Las constantes se muestran a continuación para tres casos: gas seco, gas condensado y gas de alto peso molecular. Las dos primeras correspondes a los gráficos de Standing, la última propuesta por (Sutton, 1985), es considerada una mejor correlación por (McCain, 1990). (Bidner M. S., 2001)

	Gas Seco	Gas Condensado	Gas de alto peso molecular
A_1	168	187	169.2
A_2	325	330	349.5
A_3	-12.5	-71.5	-74.0
B_1	677	706	756.8
B_2	15	-51.7	-131.0
B_3	-37.5	-11.1	-3.6

Tabla 2. Constantes para la estimación de T_{pc} y p_{pc}.

Si los valores de las constantes pseudocríticas se conocen, se pasa a calcular la densidad relativa como

$$\gamma_g = \frac{1}{2}\left[\frac{T_{pc} - 175.59}{307.97} - \frac{p_{pc} - 700.55}{47.97} \right] \tag{12}$$

Wichert-Aziz realizó unas correcciones a las correlaciones de McCoy en el caso de tener presencia de impurezas como puede ser de dióxido de carbono y sulfuro de hidrógeno, éstas son, (Bidner M. S., 2001)

$$e = 120\left(y_{CO_2} + y_{H_2S} \right)^{0.9} - 120\left(y_{CO_2} + y_{H_2S} \right)^{1.6} + 15\left(y_{H_2S}^{0.5} - y_{H_2S}^4 \right) = [^\circ R] \tag{13}$$

$$p^*_{pc} = \frac{p_{pc}\left(T_{pc}-e\right)}{T_{pc}+y_{H_2S}\left(1-y_{H_2S}\right)e} \tag{14}$$

$$T^*_{pc} = T_{pc}-e \tag{15}$$

Donde,

y_{CO_2} = fracción molar de CO_2

y_{H_2S} = fracción molar de H_2S

p^*_{pc} = presión pseudocrítica corregida [°R]

T^*_{pc} = temperatura pseudocrítica corregida [psia].

Factor de desviación z.

Para obtener el valor de z , se manejan 2 métodos; el primero es mediante los gráficos de Standing y Kats teniendo previamente los valores de presión y temperatura pseudorreducidas.

El método siguiente es mediante rutinas de cálculo. La más conocida fue propuesta por Dranchuk, Purvis y Robinson, reproducida en los libros de (McCoy, 1984) y (Horne, 1990). (Bidner M. S., 2001)

$$z = \frac{0.27\, p_{pr}}{\rho_{pr} T_{pr}} \tag{16}$$

Donde, la densidad pseudorreducida ρ_{pr} es la raíz de la ecuación siguiente y se obtiene con el método iterativo de Newton.

$$\rho^{k+1}_{pr} = \rho^{k}_{pr} - \frac{f\left(\rho^{k}_{pr}\right)}{f'\left(\rho^{k}_{pr}\right)} \tag{17}$$

$$f\left(\rho_{pr}\right)=a\,\rho_{pr}^{6}+b\,\rho_{pr}^{3}+c\,\rho_{pr}^{2}+d\,\rho_{pr}+e\,\rho_{pr}^{3}\left(1+f\,\rho_{pr}^{2}\right)\exp\left[-f\,\rho_{pr}^{2}\right]-g \qquad (18)$$

$$\begin{aligned} f'\left(\rho_{pr}\right)&=6a\,\rho_{pr}^{5}+3b\,\rho_{pr}^{2}+2c\,\rho_{pr}+d+\\ &\quad e\,\rho_{pr}^{2}\left(3+f\,\rho_{pr}^{2}\left[3-2f\,\rho_{pr}^{2}\right]\right)\exp\left[-f\,\rho_{pr}^{2}\right] \end{aligned} \qquad (19)$$

Donde,

$a = 0.06423$

$b = 0.5353\,T_{pr} - 0.6123$

$c = 0.3151\,T_{pr} - 1.0467 - 0.5783/T_{pr}^{2}$

$d = T_{pr}$

$e = 0.6816/T_{pr}^{2}$

$f = 0.6845$

$g = 0.27\,p_{pr}$

$\rho_{pr}^{0} = 0.27\,p_{pr}/T_{pr}$

Factor de Formación de Volumen de Gas.

El FVF (por sus siglas en inglés) está definido como,

$$B_{g} = V_{R}/V_{sc} \qquad (20)$$

Donde, V_{R} es el volumen ocupado por el gas a presión y temperatura en el reservorio y V_{sc} es el volumen ocupado por el mismo gas a condiciones estándar.

El volumen de moles de gas a condiciones de reservorio puede ser obtenido por la Ecuación de Estado para los Gases Reales (2), despejando la variable requerida. (Lee & Wattenbarger, 1996)

$$V_R = znRT/p \qquad (21)$$

Donde los valores de presión y temperatura son a condiciones de yacimiento.

De manera similar se puede obtener el volumen de moles de gas a condiciones estándar mediante la misma ecuación.

$$V_{sc} = z_{sc}nRT_{sc}/p_{sc} \qquad (22)$$

En esta manera los valores de temperatura y presión son a condiciones estándar. Al sustituir la ecuación 1.21 y 1.22 en la ecuación 1.20 obtenemos,

$$B_g = \frac{(znRT)/p}{(z_{sc}nRT_{sc})/p_{sc}} = \frac{zT_{psc}}{z_{sc}T_{sc}p} \qquad (23)$$

Asumiendo que las condiciones estándar son $T_{sc} = 60°F = 519.67°R$, $p_{sc} = 14.65\,psia$ y $z_{sc} = 1$, la ecuación 1.23 se convierte en,

$$B_g = \frac{zT(14.65\,psia)}{(1.0)(519.67°R)\,p} = 0.0282\frac{zT}{p}\frac{ft^3}{scf} \qquad (24)$$

Haciendo la conversión de unidades a $\dfrac{RB}{Mscf}$ tenemos,

$$B_g = \left(0.0282\frac{zT}{p}\frac{ft^3}{scf}\right)\left(\frac{bbl}{5.615\,ft^3}\right)\left(\frac{1,000\,scf}{Mscf}\right) = \frac{5.02zT}{p}\frac{RB}{Mscf} \qquad (25)$$

Densidad del Gas.

Sustituyendo las definiciones de mol y de volumen específico en la Ecuación de Estado para los Gases Reales (2), se obtiene,

$$pv = zRT/M \tag{26}$$

Esto se debe a que la densidad del gas está definida como la masa de gas por unidad de volumen o como el volumen específico recíproco.

$$\rho = m/V = 1/v \tag{27}$$

Acomodando la ecuación (26 y poniendo la densidad el gas en términos de la presión, temperatura y el factor z tenemos,

$$\rho = 1/v = pM/zRT \tag{28}$$

Y en términos de la gravedad específica del gas, γ_g , la ecuación anterior se convierte en,

$$\rho = \frac{(p)\left(28.963\gamma_g\right)}{(z)(10.732)(T)} = \frac{2.70p\gamma_g}{zT} \tag{29}$$

Donde, ρ es la densidad del gas en lbm/ft^3 ; p es la presión en $psia$; γ_g es la gravedad específica del gas; T es la temperatura en $°R$; y z es el factor de desviación del gas que es adimensional. (Lee & Wattenbarger, 1996)

Compresibilidad del Gas.

La compresibilidad o coeficiente isotérmico de compresibilidad está definido como,

$$c = -\frac{1}{V}\left(\frac{\partial V}{\partial p}\right)_T = -\frac{1}{B_g}\left(\frac{\partial B_g}{\partial p}\right)_T = \frac{1}{\rho}\left(\frac{\partial \rho}{\partial p}\right)_T \tag{30}$$

Para expresar la compresibilidad del gas en términos del factor de desviación de gas, se necesita de 'combinar' la ecuación (28), su derivada con respecto a la presión a temperatura constante y la ecuación (30), con lo que obtenemos,

$$c_g = \frac{1}{p} - \frac{1}{z}\left(\frac{\partial z}{\partial p}\right)_T \tag{31}$$

Con esto, la compresibilidad puede ser evaluada con datos de $p - z$; Sin embargo, Dranchuk y Abou-Kassem desarrollaron una correlación donde se expresa la relación explicita de la compresibilidad del gas donde generan una variable nueva denominada compresibilidad pseudorreducida, c_r, definida como, (Lee & Wattenbarger, 1996)

$$c_r = c_g p_{pc} \tag{32}$$

En términos de la presión pseudorreducida la ecuación (32) se convierte en,

$$c_r = \frac{1}{p_r} - \frac{1}{z}\left(\frac{\partial z}{\partial p_r}\right)_{T_r} \tag{33}$$

Viscosidad del Gas.

La viscosidad de una mezcla de gas puede ser estimada mediante interpolación de datos, interpretaciones gráficas, correlaciones, entre otras. Sin embargo, no todos los métodos son válidos para todos los casos. Se puede tener una mezcla de gases naturales o una mezcla de gas contaminada con H_2S.

Para la estimación de la viscosidad del gas contaminada se utiliza la correlación de Lee, la cual está definida como, (Lee & Wattenbarger, 1996)

$$\mu_g = \left(1x10^{-4}\right) K \exp\left(X\rho^Y\right) \tag{34}$$

Donde,

$$\rho = 1.4935x10^{-3}\left(pM/zT\right) \tag{35}$$

$$K = \frac{\left(9.379 + 0.01607M\right)T^{1.5}}{\left(209.2 + 19.26M + T\right)} \tag{36}$$

$$X = 3.448 + \frac{986.4}{T} + 0.01009M \tag{37}$$

$$Y = 2.447 - 0.2224X \tag{38}$$

De donde μ_g es la viscosidad del gas, en cp ; ρ es la densidad del gas, en g/cm^3 ; T es

la temperatura, en $°R$; y M es el aparente peso molecular de la mezcla de gas, en

$lbm/lb-mol$.

Propiedades Petrofísicas de la Roca

Porosidad

La porosidad se define como la fracción de espacio vacío existente en una unidad de volumen de roca. Esta se puede medir de forma directa en el laboratorio, utilizando una muestra de roca. También se puede determinar mediante el perfilaje de pozos.

Matemáticamente se expresa:

$$\phi = \frac{V_p}{V_t} \tag{39}$$

Donde,

V_p = volumen poroso

V_t = volumen total

La porosidad se clasifica en primaria y secundaria. La porosidad primaria o también llamada porosidad de la matriz rocosa se debe a los procesos que sufre la roca sedimentaria para la formación del reservorio. La porosidad secundaria se debe a los movimientos posteriores o a la acción de aguas subterráneas, lo cual genera presencia de fracturas, cavernas y otras discontinuidades en la matriz. (Bidner M. S., 2001)

Se tiene otra clasificación de la porosidad denominada *Clasificación de Ingeniería de la Porosidad*, esta es debido a que los poros que se desarrollaron inicialmente pueden sufrir aislamiento por procesos diagenéticos o catagénicos como la cementación y compactación. Esto genera que se tenga que clasificar la porosidad en absoluta y efectiva dependiendo de qué espacios porales se miden durante la determinación del volumen de estos espacios porosos. (Macualo, 2012)

° Porosidad Absoluta.

Es aquella porosidad que considera el volumen poroso de la roca esté o no interconectado. Sin embargo, una roca puede tener una porosidad absoluta considerable y no tener conductividad de fluidos debido a la carencia de interconexión poral.

° Porosidad Efectiva.

Es la relación del volumen poroso interconectado con el volumen bruto de roca. Este tipo de porosidad es una indicación de la habilidad de la roca para conducir fluidos, sin embargo, esta porosidad no mide la capacidad de flujo de una roca.

Existen varios promedios para obtener la porosidad, los principales son:

- Promedio Aritmético

$$\phi = \frac{\sum_{i-1}^{n} \phi_i}{n} \tag{40}$$

- Promedio Ponderado

$$\phi = \frac{\sum_{i-1}^{n} \phi_i X_i}{\sum_{i-1}^{n} X_i} \tag{41}$$

- Promedio Estadístico

$$\phi = \sqrt[n]{\phi_1 \phi_2 \phi_3 ... \phi_n} \tag{42}$$

Saturación de Fluidos

Es la relación que expresa la cantidad de fluido que satura al medio poroso. Si se conoce dicha cantidad y la extensión del volumen poroso se puede volumétricamente determinar cuánto fluido existe en una roca.

Estados de Flujo

Los estados de flujo dependen de la variación de una propiedad con respecto al tiempo; existen tres estados de flujo a saber: flujo estable, flujo pseudoestable y flujo inestable, ver Figura 7.

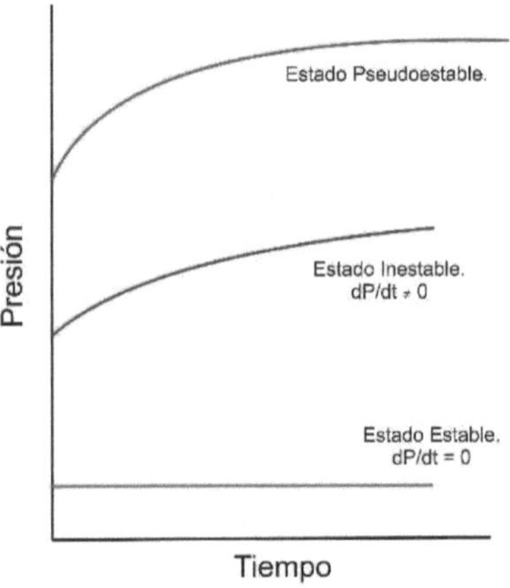

Figura 7. Estados de Flujo. En orden Ascendente: Estado Estable, Estado Inestable y Estado Pseudoestable.

El flujo estable está caracterizado por que la presión del yacimiento no cambia con el paso del tiempo e indica que cada unidad de masa retirada está siendo reemplazada por una misma cantidad que se adiciona al sistema; este suceso toma lugar cuando se tiene yacimientos con empuje de agua o cada de gas. El flujo inestable si presenta variaciones de la presión con el paso del tiempo y el flujo pseudoestable o también llamado falso estable o semiestable, es un flujo inestable que se puede considerar estable por un periodo de tiempo. (Macualo, 2012)

Permeabilidad

Es la capacidad que tiene el medio poroso para permitir el flujo de fluidos. Darcy en 1856 postuló la ley de Darcy que dice que la velocidad de un fluido homogéneo en un medio poroso es proporcional a la fuerza de empuje e inversamente proporcional a la viscosidad. Esta ley requiere que el fluido se adhiera a los poros de la roca, se sature al 100% el medio y ocurra un flujo homogéneo y laminar. Para flujo horizontal tenemos que:

$$q = -\frac{k}{\mu}\frac{dp}{dl} \tag{43}$$

Esta ecuación nos permite definir la permeabilidad para el flujo en estado estacionario, horizontal y de viscosidad constante a través de un medio poroso de sección también constante. En este flujo particular, la permeabilidad es el coeficiente de proporcionalidad entre el caudal por unidad de área transversal y el gradiente de presión por unidad de viscosidad del fluido circulante.

En la industria Petrolera, la permeabilidad es medida en Darcy. El Darcy es una unidad muy grande para tener uso práctico, por lo que se utiliza el miliDarcy. La permeabilidad tiene dimensiones de L^2. (Macualo, 2012)

$$k = \frac{q\mu L}{\Delta p} \tag{44}$$

° Tipos de Permeabilidad

- **Permeabilidad Absoluta.** Es la permeabilidad medida cuando el fluido satura al 100% el medio poroso. Normalmente, el fluido de prueba es aire o agua.

- **Permeabilidad Efectiva.** Es la medida de la permeabilidad de un fluido que se encuentra en presencia de otro u otros fluidos que saturan el mismo medio poroso. Esta permeabilidad es función de la saturación de fluidos.

- **Permeabilidad Relativa.** Es la relación existente entre la permeabilidad efectiva y la permeabilidad absoluta. Esta relación da una medida de la forma como un fluido se desplaza en el medio poroso. La sumatoria de las permeabilidades relativas es menor a 1.0.

Anisotropía, no Uniformidad y heterogeneidad de la permeabilidad

La roca que compone al yacimiento es, en general, anisótropa, no uniforme y heterogénea en la permeabilidad.

La anisotropía significa que la permeabilidad en un punto cambia con la orientación, por esto es una magnitud tensorial. En la práctica la dirección que interesa en la producción de petróleo es la horizontal o paralela a la formación. Sin embargo, en pozos horizontales o inclinados la dirección vertical juega un papel importante en la producción del pozo.

Las definiciones de no uniformidad y heterogeneidad tienen una relación cercana ya que un reservorio uniforme y homogéneo tiene una permeabilidad constante en todos sus puntos. Mientras que un reservorio uniforme y heterogéneo presenta zonas con distinta permeabilidad, pero en el interior de cada zona se considera la permeabilidad constante. Este enfoque es más cercano a la realidad y se utiliza en simuladores numéricos de reservorios.

El conjunto de anisotropía, no uniformidad y heterogeneidad es responsable de barridos pobres con agua o con gas. Estos barridos pueden ocurrir naturalmente durante una recuperación primaria por expansión del casquete de gas o una inundación con agua proveniente de una acuífera natural activa.

Los simuladores numéricos de reservorios dividen al mismo en subzonas consideradas homogéneas internamente. Estas grillas o mallas son del orden de los 10 metros. La utilización del valor de la permeabilidad en los simuladores se hace en una escala intermedia. (Bidner   M.   S.,   2001)

Movilidad

Es la relación que existe entre la permeabilidad efectiva y la viscosidad de un fluido.

$$\lambda_f = \frac{k_f}{\mu_f} \qquad (45)$$

En los procesos multifásicos, existe una relación entre las movilidades de los fluidos, a esto se le conoce como relación de movilidad, M, normalmente se expresa como la relación entre el fluido desplazante sobre el desplazado.

$$M = \frac{\lambda_w}{\lambda_o} \qquad (46)$$

Si $M < 1$, significa que el crudo se mueve más fácilmente que el agua, si $M = 1$ significa que ambos fluidos tienen igual movilidad y si $M > 1$, significa que el agua es muy móvil con respecto al crudo.

Tensión interfacial y superficial

La tensión superficial es una propiedad termodinámica fundamental de la interfase. Se define como la energía disponible para incrementar el área de interfase en una unidad. Cuando dos fluidos están en contacto, las moléculas cerca de la interfase se atraen desigualmente por sus vecinas porque unas son más grandes que las otras, esto origina una superficie de energía libre de área que se llama tensión interfacial.

La tensión interfacial, σ, es la tensión que existe entre la interfase de dos fluidos inmiscibles. Es una medida indirecta de la solubilidad. Si los fluidos son un líquido y su vapor, entonces se aplica el término de tensión superficial. El valor de la tensión superficial entre crudo y agua, σ_{ow}, oscila entre 10 y 30 $dinas/cm$. La tensión superficial para sistemas de hidrocarburos se puede calcular mediante:

$$\sigma^{\frac{1}{4}} = \frac{P}{PM}\left(\rho_L - \rho_{vap}\right) \qquad (47)$$

σ está en $dinas/cm$, ρ está en gr/cm^3 y P es un parámetro adimensional característico de cada componente y está dado por:

$$P = 40 + 2.38 PM_{liq} \qquad (48)$$

La tensión interfacial juega un papel importante en el recobro de petróleo especialmente en los procesos terciarios, ya que, si este parámetro se hace despreciable, entonces existirá un único fluido saturando el medio.

Mojabilidad

La mojabilidad es la tendencia de un fluido en presencia de otro fluido inmiscible en él a extenderse o adherirse a una superficie sólida.

Geológicamente el agua es mojable. El grado de mojabilidad está relacionado de la siguiente forma: Gas < Aceite < Agua. Cuando se tiene dos fluidos inmiscibles en contacto, el ángulo formado por ellos se llama ángulo de contacto.

La medida de la mojabilidad es medida indirectamente mediante el ángulo de contacto. Si θ < 90° se dice que el medio es mojado por agua y si θ > 90° se concluye que el sistema es mojado por aceite. En un medio poroso el fluido mojante ocupa los poros menores y el no mojante los mayores. La mojabilidad de un gas no existe, esto genera que el gas se localice en las zonas de mayor permeabilidad y mayor porosidad. (Macualo, 2012)

Presión Capilar

Es la diferencia de presión entre el fluido de la fase no mojante y la fase mojante. Se observa en un medio poroso que las fuerzas inducidas por la mojabilidad preferencial del medio con uno de los fluidos se extiende sobre toda la interfase, causando diferencias de presión mesurables entre los dos fluidos a través de la interfase. Cuando los fluidos están en contacto, las moléculas cerca de la interfase se atraen desigualmente por sus vecinas. Se tiene presión capilar cuando la interfase es curveada y la presión sobre un lado excede la del otro lado.

La interfase de un sistema petróleo-agua en un tubo de diámetro grande es plana porque las fuerzas en las paredes del tubo se distribuyen sobre un perímetro grande y no penetran en el interior. En este caso las presiones de los fluidos en las interfaces son iguales. Los poros de las rocas son análogos a los tubos capilares. En diámetros pequeños, las fuerzas inducidas por la preferencia humectable del sólido por uno de los fluidos se extiende sobre toda la interfase, causando diferenciales de presión entre los dos fluidos a través de la interfase.

Por convección la presión capilar $p_o - p_w$ es negativa para sistemas mojados por aceite. La presión capilar se define como la diferencia de presión entre la presión de la fase mojante y no mojante y siempre se considera positiva. Existen formaciones menos mojables, intermediamente mojables y fuertemente mojables.

La presión capilar tiene aplicaciones en simulación de yacimientos y en ingeniería de yacimientos para calcular la altura de la zona de transición y la saturación de agua irreducible.

$$p_c = p_{nw} - p_w \tag{49}$$

Pseudo-Presión Real de un Gas.

El concepto de pseudo-presión real de un gas, con la variable $m(p)$, fue introducido por Al-Hussainy, Ramey y Crawford de la Universidad de Texas A&M. Para la definición de esta variable utilizaron una versión de la transformada de Leibenzon

$$m(p) = 2\int_{P_o}^{p} \frac{p}{\mu z}\, dp \tag{50}$$

Donde, p_o es una referencia arbitraria de la presión y la viscosidad y el factor de desviación de gas son funciones de la presión y de la temperatura, $\mu = \mu(p,T)$; $z = z(p,T)$. La elección de p_o es puramente arbitrario. De hecho, bajo condiciones isotérmicas, el cambio de la pseudo-presión correspondiente de un cambio de la p_1 a la p_2 es,

$$m(p_1) - m(p_2) = 2\int_{P_o}^{P_1} \frac{p}{\mu z}\, dp - 2\int_{P_o}^{P_2} \frac{p}{\mu z}\, dp = 2\int_{P_2}^{P_1} \frac{p}{\mu z}\, dp \tag{51}$$

Las dimensiones de la pseudo-presión son $\left(mL^{-1}t^{-3}\right)$; las unidades de medida son Pa/s . En unidades métricas es $\left(kg/cm^2\right)^2 / cp$ y las unidades de campo son $(psi)^2 / cp$.

Linealización de la Ecuación de Difusividad para un gas real usando la función $m(p)$.

A continuación, se presenta la teoría descrita por Gian Luigi Chierici en su libro de texto (Chierici, Principles of Petroleum Reservoir Engineering, Vol. 1, 1994), para la linealización de la Ecuación de Difusividad.

Se parte de la ecuación de difusividad en coordenadas radiales,

$$\frac{1}{r}\frac{\partial}{\partial r}\left(\frac{k}{\mu}\rho r \frac{\partial p}{\partial r}\right) = \phi c_t \rho \frac{\partial p}{\partial t} \tag{52}$$

Donde se sustituyen las siguientes relaciones,

$$\rho = \frac{Mp}{zRT} \; , \tag{53}$$

$$\frac{\partial m}{\partial r} = \frac{dm}{dp}\frac{\partial p}{\partial r} = \frac{2p}{\mu z}\frac{\partial p}{\partial r} \; , \tag{54}$$

De las cuales,

$$\frac{\partial p}{\partial r} = \frac{\mu z}{2p}\frac{\partial m}{\partial r} \; , \tag{55}$$

$$\frac{\partial m}{\partial t} = \frac{dm}{dp}\frac{\partial p}{\partial t} = \frac{2p}{\mu z}\frac{\partial p}{\partial t} \; , \tag{56}$$

De los cuales,

$$\frac{\partial p}{\partial t} = \frac{\mu z}{2p}\frac{\partial m}{\partial t} \; , \tag{57}$$

La ecuación de difusividad toma la siguiente forma,

$$\frac{1}{r}\frac{\partial}{\partial r}\left(\frac{k}{\mu} r \frac{Mp}{zRT}\frac{\mu z}{2p}\frac{\partial m}{\partial r} \right) = \phi c_t \frac{Mp}{zRT}\frac{\mu z}{2p}\frac{\partial m}{\partial t} \; , \tag{58}$$

Si se asume que $c_f \ll c_g$ tanto que $c_t = c_g$, esto se simplifica a,

$$\frac{1}{r}\frac{\partial}{\partial r}\left(r\frac{\partial m}{\partial r} \right) = \frac{\phi \mu_g c_g}{k}\frac{\partial m}{\partial t} \tag{59}$$

La ecuación 1.48 es la ecuación de difusividad radial para un gas real. Dicha ecuación es lineal con la condición,

$$\frac{\phi \mu_g c_g}{k} = const. \tag{60}$$

Esta condición se cumple tanto como ϕ y k son ligeramente afectados por la presión, y el producto $\left(\mu_g c_g \right)$ es más o menos constante ya que μ_g incrementa con el incremento de la presión mientras que c_g decrementa. (Chierici, Principles of Petroleum Reservoir Engineering, Vol. 1, 1994)

Simulación Numérica de Yacimientos

La simulación numérica de yacimientos es una herramienta poderosa para comprender y describir el comportamiento interno de los yacimientos. Mediante el uso de éstos se puede estudiar y predecir el comportamiento y la variación de las presiones y las saturaciones de los fluidos en cualquier intervalo del tiempo y en cualquier punto del yacimiento, como también se pueden analizar las tasas de producción del aceite, gas y agua, o en su caso, las tasas de inyección, todo esto si se tienen pozos en el yacimiento.

Sin embargo, esta no es la única herramienta para el análisis de los yacimientos; también se tienen modelos analíticos y físicos para el estudio del comportamiento interno del yacimiento. Estos modelos se consideran más precisos debido a que no requieren una discretización del tiempo y espacio. La simulación numérica ha superado dichos modelos ya que pueden considerar la variación de masa entre las fases.

En el modelado numérico se utilizan dos principios mediante las cuales se realiza la simulación. Una es la ecuación generalizada de Darcy, la cual describe el flujo de cada fluido presente en el yacimiento. Por otro lado, se tiene la ecuación de continuidad que expresa la conservación de la masa dentro del yacimiento; esta ecuación también toma en consideración el flujo de masa de los pozos, ya sea un pozo productor o inyector.

Para el desarrollo de una simulación numérica se deben definir ciertos valores iniciales, como son la presión y saturación para cada fluido en cada punto de espacio del yacimiento. Con el modelado numérico se pueden simular ciertas condiciones volumétricas en las fronteras del yacimiento, estás pueden ser: condición de frontera a una presión específica ó condición de frontera a una tasa de flujo. Ambas pueden ser constantes o que varíen con respecto al tiempo (Chierici, Principles of Petroleum Reservoir Engineering Vol. 2, 1995).

Para las ecuaciones utilizadas para el desarrollo numérico de los modelos de yacimientos se hace una incorporación de la ecuación generalizada de Darcy en la ecuación de continuidad, tomando en cuenta las ecuaciones de estado de los fluidos, resultando así una ecuación que describe completamente el comportamiento del yacimiento.

Una metodología típica para el desarrollo de la simulación es la siguiente:

1. Se define el modelo geológico del yacimiento y, si es el caso, del acuífero, todo en términos de geometría, ubicación, propiedades de la roca, presión y saturaciones iniciales.
2. Especificación de las propiedades termodinámicas de los fluidos en el yacimiento.
3. Seleccionar la configuración de 'malla' más apropiada para la subdivisión del yacimiento en bloques.
4. Se asignan los valores iniciales de las propiedades petrofísicas, termodinámicas y dinámicas de la roca y de los fluidos de cada punto del yacimiento. Se le denomina la Inicialización del Modelo.
5. El modelo es desarrollado. Cada pozo presente en el yacimiento debe tener su tasa de gasto en conjunto con todos los valores iniciales para el desarrollo del modelo.
6. Se llega a la predicción del comportamiento del yacimiento dependiendo las especificaciones del modelo.

Clasificación de los modelos numéricos

° En base a la manera en que las ecuaciones de flujo son discretizadas.

Se utilizan principalmente dos métodos para la discretización de las ecuaciones diferenciales parciales que describen el flujo de los fluidos en el yacimiento. Estos métodos son:

- **Método de diferencias finitas**
- **Método de elemento finito**

° En base en la geometría del yacimiento

La clasificación de la simulación numérica de acuerdo a la geometría del yacimiento se da en 3 categorías principales:

- **Unidimensional o una dimensión (1D)**
- **Bidimensional o dos dimensiones (2D)**
- **Tridimensional o tres dimensiones (3D)**

Dónde los **modelos de una dimensión** se pueden subdividir por su geometría en:

° Yacimientos horizontales

° Yacimientos verticales

° Yacimientos inclinados

° Yacimientos con coordenadas curvo lineales

° Yacimientos radiales

Los **modelos en dos dimensiones** también se pueden subdividir en:

° Yacimientos horizontales

° Yacimientos verticales

° Yacimientos radiales

En esta categoría también se puede tener yacimientos con coordenadas curvo lineales pero su uso es particular para seguir de cerca la forma del tope y base del yacimiento.

En la categoría de **tres dimensiones** solo se tiene una subdivisión la cual es la representación de los yacimientos con las coordenadas curvo lineales, siendo este la mejor manera de representarlos debido a que este procedimiento toma en cuenta a los modelos anteriores teniendo una mejor representación geometría del yacimiento.

° En base a al número y naturaleza de las fases móviles

La clasificación general de los yacimientos acorde al número de las fases móviles presentes puede ser:

- **Monofásico o una fase (1P)**
- **Bifásico o dos fases (2P)**
- **Trifásico o tres fases (3P)**

En el **modelo monofásico** el fluido fluyente puede ser:

° Aceite por encima del punto de burbuja en la presencia de S_{iw}

° Gas por encima del punto de rocío en la presencia de S_{iw}

° Agua en modelos hidrológicos

En los **modelos bifásicos** los fluidos son:

° Aceite por encima del punto de burbuja con agua presente

° Aceite o condensado bajo la presión de saturación con gas en equilibro en la presencia de S_{iw}

° Gas por encima del punto de rocío con agua teniendo en cuenta que $S_w > S_{iw}$

En el caso de los **modelos trifásicos**, solo se tiene una posibilidad que es tener aceite o condensado bajo la presión saturación con gas en equilibro y agua teniendo en cuenta que $S_w > S_{iw}$.

Derivación de la Ecuación de Flujo.

A continuación se presenta la teoría descrita por Abou-Kassem y colaboradores en su libro de texto (Abou-Kassem, Ali, & Islam, 2006), para el desarrollo de la ecuación de flujo.

La Figura 8 muestra el bloque i y sus bloques vecinos $i-1$ e $i+1$ en la dirección x. En cualquier instante, el fluido entra por el bloque i, viniendo del bloque $i-1$ a través de la cara $x_{i-1/2}$ con una velocidad de flujo de masa de $w_x|_{x_{i-1/2}}$ y sale por el bloque $i+1$ a través de la cara $x_{i+1/2}$ con una velocidad de flujo de masa de $w_x|_{x_{i+1/2}}$. El fluido también puede entrar por el bloque i por un pozo con una velocidad de flujo de masa q_{ml}. La velocidad de flujo de masa contenido en una unidad de volumen de roca en el bloque i es m_{v_i}. Por lo tanto, la ecuación del balance de materia para el bloque i a través de un paso de tiempo $\Delta t = t^{n+1} - t^n$ *puede ser escrita como:*

$$m_i|_{Xi-1/2} - m_o|_{Xi+1/2} + m_{Si} = m_{ai} \tag{61}$$

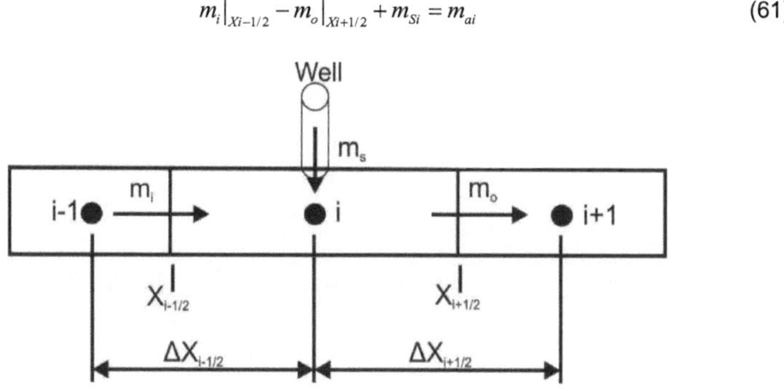

Figura 8. Esquema y nomenclatura para la discretización en bloques.

Términos como $w_x|_{x_{i-1/2}}$, $w_x|_{x_{i+1/2}}$ y q_{ml} son funciones solo del tiempo porque el espacio no es una variable para un reservorio ya discretizado. La justificación se presenta más adelante. Por lo tanto,

$$m_i|_{x_{i-1/2}} = \int_{t^n}^{t^{n+1}} w_x|_{x_{i-1/2}} \, dt \tag{62}$$

35

$$m_o\big|_{x_{i+1/2}} = \int_{t^n}^{t^{n+1}} w_x\big|_{x_{i+1/2}}\, dt \tag{63}$$

$$m_{s_i} = \int_{t^n}^{t^{n+1}} q_{m_i}\, dt \tag{64}$$

Utilizando las ecuaciones 62 a la 64, la ecuación 61 se puede reescribir como

$$\int_{t^n}^{t^{n+1}} w_x\big|_{x_{i-1/2}}\, dt - \int_{t^n}^{t^{n+1}} w_x\big|_{x_{i+1/2}}\, dt + \int_{t^n}^{t^{n+1}} q_{m_i}\, dt = m_{a_i} \tag{65}$$

La acumulación de masa está definida por

$$m_{a_i} = \Delta_t \left(V_b m_v\right)_i = V_b \left(m_{v_i}^{n+1} - m_{v_i}^{n}\right) \tag{66}$$

La velocidad de flujo de la masa se relaciona con el flujo de masa de la siguiente manera

$$w_x = \dot{m}_x A_x \tag{67}$$

El flujo de masa $\left(\dot{m}x\right)$ puede ser expresado en término de la densidad del fluido y la velocidad volumétrica,

$$\dot{m}_x = \alpha_c \rho u_x \tag{68}$$

La masa del fluido por unidad de volumen o roca $\left(m_v\right)$ se puede expresar en término de la densidad del fluido y de la porosidad,

$$m_v = \phi \rho \tag{69}$$

Y la masa de fluido que se inyecto o produjo $\left(q_m\right)$ puede expresarse en término de la tasa volumétrica del pozo y la densidad del fluido,

$$q_m = \alpha_c \rho q \tag{70}$$

Substitución de las ecuaciones 66 y 67 en la ecuación 65

$$\int_{t^n}^{t^{n+1}} \left(\dot{m}_x A_x\right)\Big|_{x_{i-1/2}} dt - \int_{t^n}^{t^{n+1}} \left(\dot{m}_x A_x\right)\Big|_{x_{i+1/2}} dt + \int_{t^n}^{t^{n+1}} q_{m_i} dt = V_{b_i}\left(m_{v_i}^{n+1} - m_{v_i}^{n}\right) \tag{71}$$

Substitución de la ecuación 68 a la 70 en la ecuación 71

$$\int_{t^n}^{t^{n+1}} \left(\alpha_c \rho u_x A_x\right)\Big|_{x_{i-1/2}} dt - \int_{t^n}^{t^{n+1}} \left(\alpha_c \rho u_x A_x\right)\Big|_{x_{i+1/2}} dt + \int_{t^n}^{t^{n+1}} \left(\alpha_c \rho q\right)_i dt = V_{b_i}\left[\left(\phi\rho\right)_i^{n+1} - \left(\phi\rho\right)_i^{n}\right] \tag{72}$$

Sustituyendo $B = \rho_{sc}/\rho$, *dividiendo entre* $\alpha_c \rho_{sc}$ y notando que $q/B = q_{sc}$ en la ecuación 72, obtenemos

$$\int_{t^n}^{t^{n+1}} \left(\frac{u_x A_x}{B}\right)\Bigg|_{x_{i-1/2}} dt - \int_{t^n}^{t^{n+1}} \left(\frac{u_x A_x}{B}\right)\Bigg|_{x_{i+1/2}} dt + \int_{t^n}^{t^{n+1}} q_{sc_i} dt = \frac{V_{b_i}}{\alpha_c}\left[\left(\frac{\phi}{B}\right)_i^{n+1} - \left(\frac{\phi}{B}\right)_i^{n}\right] \tag{73}$$

La velocidad volumétrica del fluido desde el bloque $i-1$ al bloque $i\left(\mu_x\Big|_{x_{i-1/2}}\right)$ en cualquier

tiempo t es dado por la analogía algebraica $\mu_x = q_x / A_x = -\beta_c \dfrac{k_x}{\mu}\dfrac{\partial \Phi}{\partial x}$,

$$u_x\Big|_{x_{i-1/2}} = \beta_c \frac{k_x\big|_{x_{i-1/2}}}{\mu\big|_{x_{i-1/2}}}\left[\frac{\left(\Phi_{i-1} - \Phi_i\right)}{\Delta x_{i-1/2}}\right] \tag{74}$$

Donde $k_x\big|_{x_{i-1/2}}$ es la permeabilidad de la roca entre los bloques $i-1$ e i, los cuales están

separados a una distancia $\Delta x_{i-1/2}$, Φ_{i-1} y Φ_i son las potenciales para flujo de los boques $i-1$

e i, y $\mu\big|_{x_{i-1/2}}$ es la viscosidad del fluido contenido en los bloques $i-1$ e i.

Igualmente, el caudal del fluido por unidad de área de la sección transversal desde el bloque i al bloque $i+1$ es

$$u_x\Big|_{x_{i+1/2}} = \beta_c \frac{k_x\big|_{x_{i+1/2}}}{\mu\big|_{x_{i+1/2}}}\left[\frac{\left(\Phi_{i-1} - \Phi_{i+1}\right)}{\Delta x_{i+1/2}}\right] \tag{75}$$

Sustituyendo la ecuación 74 o 75 en la ecuación 73 y agrupando términos resulta en,

$$\int_{t^m}^{t^{n+1}} \left[\left(\beta_c \frac{k_x A_x}{\mu B \Delta x} \right)\bigg|_{x_{i-1/2}} \left(\Phi_{i-1} - \Phi_i \right) \right] dt$$

$$-\int_{t^m}^{t^{n+1}} \left[\left(\beta_c \frac{k_x A_x}{\mu B \Delta x} \right)\bigg|_{x_{i+1/2}} \left(\Phi_i - \Phi_{i+1} \right) \right] dt + \int_{t^m}^{t^{n+1}} q_{sc_i} dt \qquad (76)$$

$$= \frac{V_{b_i}}{\alpha_c} \left[\left(\frac{\phi}{B} \right)_i^{n+1} - \left(\frac{\phi}{B} \right)_i^{n} \right]$$

O

$$\int_{t^m}^{t^{n+1}} \left[T_{x_{i-1/2}} \left(\Phi_{i-1} - \Phi_i \right) \right] dt - \int_{t^m}^{t^{n+1}} \left[T_{x_{i+1/2}} \left(\Phi_{i+1} - \Phi_i \right) \right] dt + \int_{t^m}^{t^{n+1}} q_{sc_i} dt$$

$$= \frac{V_{b_i}}{\alpha_c} \left[\left(\frac{\phi}{B} \right)_i^{n+1} - \left(\frac{\phi}{B} \right)_i^{n} \right] \qquad (77)$$

Donde

$$T_{x_{i\mp1/2}} = \left(\beta_c \frac{k_x A_x}{\mu B \Delta x} \right)\bigg|_{x_{i\mp1/2}} \qquad (78)$$

Es la transmisibilidad en la dirección del eje x entre el bloque i y sus bloques vecinos $i\pm1$. La derivación de la ecuación 77 es rigurosa y no implica alguna otra hipótesis más que la validez de la ley de Darcy (ecuación 74 o 75) para estimar la velocidad del fluido volumétrico entre los bloques i y sus bloques vecinos $i\pm1$. La validez de la ley de Darcy es bien aceptada. Una derivación similar se puede realizar si la ley de Darcy es reemplazada por otra ecuación de flujo, como la ecuación de Brinkman. Para bloques heterogéneos la distribución de la permeabilidad y las irregulares medidas de los boques, la parte

$$\left(\beta_c \frac{k_x A_x}{\Delta x} \right)\bigg|_{x_{i\mp1/2}}$$

De la transmisibilidad $T_{x_{i\mp1/2}}$ es derivada para un bloque centrado o para un punto distribuido en el bloque. Para un yacimiento discretizado, las dimensiones y permeabilidades de los bloques ya han sido definidas; por lo tanto, el factor geométrico del interior de los bloques

$$\left[\left(\beta_c \frac{k_x A_x}{\Delta x}\right)\bigg|_{x_{i\mp 1/2}}\right]$$

Es constante, independientemente del espacio y del tiempo. Además, el término de presión dependiente $\left(\mu B\right)\big|_{x_{i\mp 1/2}}$ de la transmisibilidad usa algunos promedios de viscosidad y factor de formación de volumen (FVF) del fluido contenido en el bloque i y sus bloques vecinos $i\pm 1$ o un valor a cualquier tiempo t. En otras palabras, el término $\left(\mu B\right)\big|_{x_{i\mp 1/2}}$ no es una función del espacio pero si una función del tiempo, debido a que la presión cambia con el paso del tiempo. Por lo tanto, la transmisibilidad $T_{x_{i\mp 1/2}}$ entre el bloque i y sus bloques vecinos $i\pm 1$ es solamente una función del tiempo; no depende del espacio en cualquier tiempo.

De nuevo, el término de acumulación en la ecuación 77 puede ser expresado en término del cambio de presión en el bloque i como se muestra en la ecuación 79;

$$\int_{t^m}^{t^{n+1}} \left[T_{x_{i-1/2}}\left(\Phi_{i-1}-\Phi_i\right)\right]dt - \int_{t^m}^{t^{n+1}} \left[T_{x_{i+1/2}}\left(\Phi_{i+1}-\Phi_i\right)\right]dt + \int_{t^m}^{t^{n+1}} q_{sc_i}\,dt$$
$$= \frac{V_{b_i}}{\alpha_c}\frac{d}{dp}\left(\frac{\phi}{B}\right)_i\left[p_i^{n+1}-p_i^n\right] \tag{79}$$

O después de sustituir las ecuaciones $\Phi_{i-1}-\Phi_i = \left(p_{i-1}-p_i\right)-\gamma_{i-1/2}\left(Z_{i-1}-Z_i\right)$ y $\Phi_{i+1}-\Phi_i = \left(p_{i+1}-p_i\right)-\gamma_{i+1/2}\left(Z_{i+1}-Z_i\right)$ para el potencial,

$$\int_{t^n}^{t^{n+1}} \left\{T_{x_{i-1/2}}\left[\left(p_{i-1}-p_i\right)-\gamma_{i-1/2}\left(Z_{i-1}-Z_i\right)\right]\right\}dt +$$
$$\int_{t^n}^{t^{n+1}} \left\{T_{x_{i+1/2}}\left[\left(p_{i+1}-p_i\right)-\gamma_{i+1/2}\left(Z_{i+1}-Z_i\right)\right]\right\}dt + \tag{80}$$
$$\int_{t^n}^{t^{n+1}} q_{sc_i}\,dt = \frac{V_{b_i}}{\alpha_c}\frac{d}{dp}\left(\frac{\phi}{B}\right)_i\left[p_i^{n+1}-p_i^n\right]$$

Donde $\dfrac{d}{dp}\left(\dfrac{\phi}{B}\right)_i$ es la pendiente de la curva de $\left(\dfrac{\phi}{B}\right)_i$ entre p_i^{n+1} y p_i^n.

Aproximación de las integrales de tiempo.

Si el argumento de una integral es una función explicita del tiempo, la integral puede ser evaluada analíticamente. Este no es el caso para las integrales que se muestran en el lado izquierdo de las ecuaciones 77 o la ecuación 79. Si la ecuación 80 es escrita para cada bloque $i = 1, 2, 3 \ldots n_x$, entonces la solución puede ser obtenida por un método de las ecuaciones diferenciales ordinarias. Sin embargo, los métodos de estas ecuaciones no son eficientes para resolver los problemas de simulación de reservas. Por lo tanto, para realizar estas integraciones se necesita hacer ciertas suposiciones.

Considere la integral

$$\int_{t^n}^{t^{n+1}} F(t)dt$$

Mostrada en la figura 9. Esta integral es igual al área debajo la curva $F(t)$ *en el intervalo* $t^n \leq t \leq t^{n+1}$. Esta área es también igual al área del rectángulo con las dimensiones $F(t^m)$, donde F es evaluada al tiempo t^m, donde $t^n \leq t^m \leq t^{n+1}$, y Δt, donde $\Delta t = (t^{n+1} - t^n)$, como se muestra en la figura 9. Por lo tanto,

$$\int_{t^n}^{t^{n+1}} F(t)dt = \int_{t^n}^{t^{n+1}} F(t^m)dt = \int_{t^n}^{t^{n+1}} F^m dt = F^m \int_{t^n}^{t^{n+1}} dt = F^m \times t \Big|_{t^n}^{t^{n+1}} =$$
$$F^m \times (t^{n+1} - t^n) = F^m \times \Delta t \tag{81}$$

El valor de esta integral puede ser calculado usando la ecuación arriba mencionada si y solo si el valor de F^m o $F(t^m)$ sea conocido. Sin embargo, raramente el valor de F^m es conocido y, por lo tanto, es necesario que se haga una aproximación. El área bajo la curva en la figura 9 puede ser aproximada por uno de los métodos siguientes:

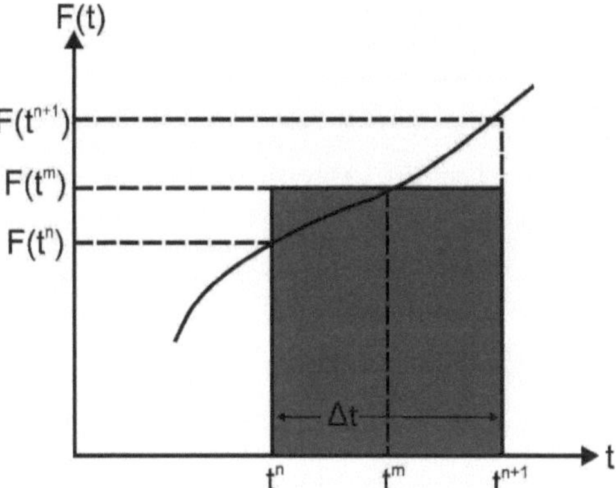

Figura 9. Representación de la integral de la función F(t^m)xΔt (derecha).

El argumento F en la ecuación 46 se para por $\left[T_{x_{i-1/2}}\left(\Phi_{i-1}-\Phi_i\right)\right],\left[T_{x_{i+1/2}}\left(\Phi_{i+1}-\Phi_i\right)\right]$ o q_{sc_i}, que aparece en el lado izquierdo de la ecuación 77, y F^m es igual al valor de F en el tiempo t^m.

Por lo tanto, la ecuación 42 después de estas aproximaciones para a ser,

$$\left[T_{x_{i-1/2}}^m\left(\Phi_{i-1}^m-\Phi_i^m\right)\right]\Delta t+\left[T_{x_{i+1/2}}^m\left(\Phi_{i+1}^m-\Phi_i^m\right)\right]\Delta t+q_{sc_i}^m\Delta t=\frac{V_{b_i}}{\alpha_c}\left[\left(\frac{\phi}{B}\right)_i^{n+1}-\left(\frac{\phi}{B}\right)_i^n\right] \quad (82)$$

Dividiendo la ecuación sobre Δt, obtenemos

$$\left[T_{x_{i-1/2}}^m\left(\Phi_{i-1}^m-\Phi_i^m\right)\right]+\left[T_{x_{i+1/2}}^m\left(\Phi_{i+1}^m-\Phi_i^m\right)\right]+q_{sc_i}^m=\frac{V_{b_i}}{\alpha_c\Delta t}\left[\left(\frac{\phi}{B}\right)_i^{n+1}-\left(\frac{\phi}{B}\right)_i^n\right] \quad (83)$$

Sustituyendo las ecuaciones $\Phi_{i-1}-\Phi_i=\left(p_{i-1}-p_i\right)-\gamma_{i-1/2}\left(Z_{i-1}-Z_i\right)$ y $\Phi_{i+1}-\Phi_i=\left(p_{i+1}-p_i\right)-\gamma_{i+1/2}\left(Z_{i+1}-Z_i\right)$ en la ecuación 83, obtenemos la ecuación de flujo para el bloque i,

$$T_{x_{i-1/2}}^m\left[\left(p_{i-1}^m-p_i^m\right)-\gamma_{i-1/2}^m\left(Z_{i-1}-Z_i\right)\right]+T_{x_{i+1/2}}^m\left[\left(p_{i+1}^m-p_i^m\right)-\gamma_{i+1/2}^m\left(Z_{i+1}-Z_i\right)\right]+q_{sc_i}^m=$$
$$\frac{V_{b_i}}{\alpha_c\Delta t}\left[\left(\frac{\phi}{B}\right)_i^{n+1}-\left(\frac{\phi}{B}\right)_i^n\right] \quad (84)$$

El lado derecho de la ecuación de flujo expresada como la ecuación 84, conocido como el término de acumulación de fluido, se desvanece en problemas envolviendo el flujo del fluido incompresible en un medio poroso incompresible. Este es el caso donde ambas B y ϕ son contantes independientes de la presión. La presión del reservorio en este tipo de problemas de flujo es independiente del tiempo.

Ecuación de flujo para fluido compresible

La densidad, FVF, y viscosidad de fluidos compresibles a la temperatura del yacimiento son funciones de la presión. Dicha dependencia, sin embargo, no es tan débil como en el caso de fluidos ligeramente compresibles. En este contexto, el FVF, la viscosidad, y la densidad que están en el lado izquierdo de la ecuación de flujo pueden ser constantes pero son actualizados por lo menos al principio de cada paso del tiempo. El término de acumulación es expresado en términos de la presión que cambia a lo largo de un paso en el tiempo para que el balance de material sea preservado. La siguiente expansión preserva el balance de material.

$$\frac{v_{B_n}}{\alpha_c \Delta t}\left[\left(\frac{\phi}{B}\right)_n^{n+1} - \left(\frac{\phi}{B}\right)_n^n\right] = \frac{v_{B_n}}{\alpha_c \Delta t}\left(\frac{\phi}{B_g}\right)_n' \left(p_n^{n+1} - p_n^n\right) \tag{85}$$

Donde $\left(\dfrac{\phi}{B_g}\right)_n'$ es la pendiente de $\left(\dfrac{\phi}{B_g}\right)_n$ entre la nueva presión $\left(p_n^{n+1}\right)$ y la vieja presión $\left(p_n^n\right)$. Está pendiente es evaluada al nivel de tiempo actual, pero es una iteración atrás,

$$\left(\frac{\phi}{B_g}\right)_n' = \left[\left(\frac{\phi}{B}\right)_n^{\overset{(v)}{n+1}} - \left(\frac{\phi}{B}\right)_n^n\right] / \left(p_n^{\overset{(v)}{n+1}} - p_n^n\right) \tag{86}$$

El lado derecho de la ecuación de la ecuación (86) puede ser expandido como

$$\left(\frac{\phi}{B_g}\right)_n' = \phi_n^{\overset{(v)}{n+1}}\left(\frac{1}{B_{g_n}}\right)' + \frac{1}{B_{g_n}^n}\phi_n' \tag{87}$$

Donde de nuevo $\left(\dfrac{1}{B_{g_n}}\right)'$ y ϕ'_n son definidos como las pendientes estimadas entre valores

al nivel de tiempo actual de la vieja iteración $\overset{(v)}{n+1}$ y viejo nivel de tiempo n,

$$\left(\frac{1}{B_{g_n}}\right)' = \left(\frac{1}{B_{g_n}^{\overset{(v)}{n+1}}} - \frac{1}{B_{g_n}^{n}}\right) / \left(p_n^{\overset{(v)}{n+1}} - p_n^{n}\right) \tag{88}$$

Y

$$\phi'_n = \left(\phi_n^{\overset{(v)}{n+1}} - \phi_n^{n}\right) / \left(p_n^{\overset{(v)}{n+1}} - p_n^{n}\right) = \phi_n^{\circ} c_{\phi} \tag{89}$$

Alternativamente, el término de acumulación puede ser expresado en términos de la presión que cambia a lo largo de un paso en el tiempo usando la ecuación (90) y observando que la contribución de la compresibilidad de la roca es despreciable comparado a la compresibilidad del gas, resultando

$$B_g = \frac{\rho_{sc}}{\alpha_c \rho_h} = \frac{p_{sc}}{\alpha_c T_{sc}} T \frac{z}{p} \tag{90}$$

$$\frac{v_{b_n}}{\alpha_c \Delta t}\left[\left(\frac{\phi}{B}\right)_n^{n+1} - \left(\frac{\phi}{B}\right)_n^{n}\right] = \frac{v_{b_n}\phi_n^{\circ}}{\alpha_c \Delta t}\left[\frac{1}{B_{g_n}^{n+1}} - \frac{1}{B_{g_n}^{n}}\right] =$$

$$\frac{v_{b_n}\phi_n^{\circ}}{\alpha_c \Delta t}\left(\frac{\alpha_c T_{sc}}{p_{sc} T}\right)\left[\frac{p_n^{n+1}}{z_n^{n+1}} - \frac{p_n^{n}}{z_n^{n}}\right] = \frac{v_{b_n}\phi_n^{\circ} T_{sc}}{p_{sc} T \Delta t}\left[\frac{p_n^{n+1}}{z_n^{n+1}} - \frac{p_n^{n}}{z_n^{n}}\right] \tag{91}$$

Si se adopta la aproximación dada por la ecuación (91), la ecuación de flujo para fluidos compresibles pasa a ser

$$\sum_{l \varepsilon \psi n} T_{l,n}^{m}\left[\left(p_{l}^{m}-p_{n}^{m}\right)-\gamma_{l,n}^{n}\left(Z_{l}-Z_{n}\right)\right]+\sum_{l \xi \psi n} q_{SC_{l,n}}^{m}+q_{SC_{n}}^{m}=$$

$$\frac{v_{b_{n}} \overset{\circ}{\phi_{n}} T_{sc}}{p_{sc} T \Delta t}\left[\frac{p_{n}^{n+1}}{z_{n}^{n+1}}-\frac{p_{n}^{n}}{z_{n}^{n}}\right] \tag{92}$$

Sin embargo, se adopta la aproximación dada por la ecuación (85), la cual es consistente con el tratamiento de flujo multifásico. El resultado de la ecuación de flujo para fluidos compresibles es

$$\sum_{l \varepsilon \psi n} T_{l,n}^{m}\left[\left(p_{l}^{m}-p_{n}^{m}\right)-\gamma_{l,n}^{n}\left(Z_{l}-Z_{n}\right)\right]+\sum_{l \xi \psi n} q_{SC_{l,n}}^{m}+q_{SC_{n}}^{m}$$

$$=\frac{v_{b_{n}}}{\alpha_{c} \Delta t}\left(\frac{\phi}{B_{g}}\right)_{n}'\left(p_{n}^{n+1}-p_{n}^{n}\right) \tag{93}$$

Donde $\left(\dfrac{\phi}{B_{g}}\right)_{n}'$ es definido por la ecuación (87)

Formulaciones de la ecuación de flujo para fluidos compresibles.

El nivel de tiempo m en la ecuación (93) es aproximada en la simulación del reservorio en una de tres maneras, como en el caso de fluidos ligeramente compresibles. La ecuación resultante es comúnmente conocida como la formulación explicita de la ecuación de flujo, la formulación implícita de la ecuación de flujo, y la formulación de Crank-Nicolson de la ecuación de flujo.

Formulación implícita de la ecuación de flujo.

La formulación implícita de la ecuación de flujo puede ser obtenida de la ecuación (93) si el argumento F^{m} es evaluado al nuevo nivel de tiempo t^{n+1}; i.e., $t^{m} \cong t^{n+1}$, y como resultado $F^{m} \cong F^{n+1}$. Por lo tanto, la ecuación (93) se reduce a

$$\sum_{l \varepsilon \psi_{n}} T_{l,n}^{n+1}\left[\left(p_{l}^{n+1}-p_{n}^{n+1}\right)-\gamma_{l,n}^{n}\left(Z_{l}-Z_{n}\right)\right]+$$

$$\sum_{l \xi \psi_{n}} q_{SC_{l,n}}^{n+1}+q_{SC_{n}}^{n+1}=\frac{v_{b_{n}}}{\alpha_{c} \Delta t}\left(\frac{\phi}{B_{g}}\right)_{n}'\left(p_{n}^{n+1}-p_{n}^{n}\right) \tag{94}$$

O

$$\sum_{l \varepsilon \psi_{i,j,k}} T^{m}_{l,(i,j,k)} \left[\left(p^{m}_{l} - p^{m}_{i,j,k} \right) - \gamma^{n}_{l,(i,j,k)} \left(Z_{l} - Z_{i,j,k} \right) \right] +$$

$$\sum_{l \xi \psi_{i,j,k}} q^{m}_{sc_{l,(i,j,k)}} + q^{m}_{sc_{i,j,k}} = \frac{v_{b_{i,j,k}}}{\alpha_{c} \Delta t} \left(\frac{\phi}{B_{g}} \right)'_{i,j,k} \left(p^{n+1}_{i,j,k} - p^{n}_{i,j,k} \right) \tag{95}$$

En esta ecuación, se evalúa la gravedad del fluido al viejo nivel de tiempo n en lugar del nivel de tiempo $n+1$ ya que no introduce algún error apreciable. A diferencia de los fluidos ligeramente compresibles, esta ecuación es una ecuación no lineal debido a la dependencia de la transmisividad $\left(T^{n+1}_{l,n} \right)$ y $\left(\frac{\phi}{B_{g}} \right)'_{n}$ en la solución de la presión. Estos términos no lineales presentan serios problemas numéricos. El tiempo de linealización, sin embargo, introduce errores de truncamiento adicionales que dependen en los cambios de tiempo. Así, la linealización con el tiempo reduce la exactitud de la solución y genera restricciones del paso del tiempo. Esto conduce a borrar la ventaja de la estabilidad incondicional asociada con el método de la formulación implícita.

La ecuación (95) puede escribirse en la forma:

$$Ax = b$$

Donde los elementos de la matriz A y el vector b se construyen a partir de las ecuaciones para los bloques.

Formulación explicita de la ecuación de flujo.

La formulación implícita de la ecuación de flujo puede ser obtenida de la ecuación (93) si el argumento F^{m} es evaluado al viejo nivel de tiempo t^{n} ; i.e., $t^{m} \cong t^{n}$, y como resultado $F^{m} \cong F^{n}$. Por lo tanto, la ecuación (93) se reduce a

$$\sum_{l \varepsilon \psi_{n}} T^{n+1}_{l,n} \left[\left(p^{n+1}_{l} - p^{n+1}_{n} \right) - \gamma^{n}_{l,n} \left(Z_{l} - Z_{n} \right) \right] +$$

$$\sum_{l \xi \psi_{n}} q^{n}_{sc_{l,n}} + q^{n}_{sc_{n}} = \frac{v_{b_{n}}}{\alpha_{c} \Delta t} \left(\frac{\phi}{B_{g}} \right)'_{n} \left(p^{n+1}_{n} - p^{n}_{n} \right) \tag{96}$$

O

$$\sum_{l\varepsilon\psi_{i,j,k}} T^{n+1}_{l,(i,j,k)}\left[\left(p^{n+1}_l - p^{n+1}_{i,j,k}\right) - \gamma^n_{l,(i,j,k)}\left(Z_l - Z_{i,j,k}\right)\right] +$$

$$\sum_{l\xi\psi_{i,j,k}} q^n_{sc_{l,(i,j,k)}} + q^n_{sc_{i,j,k}} = \frac{v_{b_{i,j,k}}}{\alpha_c \Delta t}\left(\frac{\phi}{B_g}\right)'_{i,j,k}\left(p^{n+1}_{i,j,k} - p^n_{i,j,k}\right) \tag{97}$$

Esta ecuación requiere de iteraciones para eliminar la no linealidad de la ecuación exhibida

por $B_{g_n}^{(v)^{n+1}}$ en la definición de $\left(\dfrac{\phi}{B_g}\right)'_n$ del lado derecho de la ecuación.

Formulación de Crank-Nicolson de la ecuación de flujo.

La formulación de Crank-Nicolson puede ser obtenida de la ecuación (93) si el agumento F^m es evaluado al tiempo $t^{n+1/2}$. En la aproximación matemática, este nivel de tiempo es elegido para generar una segunda aproximación en el tiempo con el lado derecho de la ecuación. En la aproximación de ingeniería, el argumento F^m puede ser aproximada como

$F^m \cong F^{n+1/2} = \frac{1}{2}\left(F^n + F^{n+1}\right)$. Por lo tanto, la ecuación (93) se vuelve

$$\frac{1}{2}\sum_{l\varepsilon\psi_n} T^n_{l,n}\left[\left(p^n_l - p^n_n\right) - \gamma^n_{l,n}\left(Z_l - Z_n\right)\right] +$$
$$\frac{1}{2}\sum_{l\varepsilon\psi_n} T^{n+1}_{l,n}\left[\left(p^{n+1}_l - p^{n+1}_n\right) - \gamma^{n+1}_{l,n}\left(Z_l - Z_n\right)\right] +$$
$$\frac{1}{2}\left(\sum_{l\varepsilon\xi_n} q^n_{sc_{l,n}} + \sum_{l\varepsilon\xi_n} q^{n+1}_{sc_{l,n}}\right) + \frac{1}{2}\left(q^n_{sc_n} + q^{n+1}_{sc_n}\right) \cong$$
$$\frac{v_{b_n}}{\alpha_c \Delta t}\left(\frac{\phi}{B_g}\right)'_n\left[p^{n+1}_n - p^n_n\right] \tag{98}$$

Casos de aplicación

Para la generación del código numérico se utilizó la formulación implícita de la ecuación de flujo debido a que se considera la mejor opción para estos casos debido a la relación de tiempo de trabajo – beneficio, ya que se cree que esta ecuación llega a un resultado idóneo en menos tiempo y trabajo de computo.

Se tienen dos casos de aplicación para el código numérico, uno con un pozo a producción constante por cierto tiempo y otro caso con 3 pozos presentes en el yacimiento con la configuración inyector-productor-inyector. Para ambos casos se tienen algunas propiedades similares, que son en relación a las propiedades petrofísicas de la roca y propiedades PVT que se utilizaron durante la simulación.

Presión (psia)	B (RB/scf)	μ (cp)
215	0.016654	0.0126
415	0.008141	0.0129
615	0.005371	0.0132
815	0.003956	0.0135
1015	0.003114	0.0138
1215	0.002544	0.0143
1415	0.002149	0.0147
1615	0.001857	0.0152
1815	0.001630	0.0156
2015	0.001459	0.0161
2215	0.001318	0.0167
2415	0.001201	0.0173
2615	0.001109	0.0180
2815	0.001032	0.0186
3015	0.000972	0.0192
3215	0.000922	0.0198
3415	0.000878	0.0204
3615	0.000840	0.0211

| 3815 | 0.000808 | 0.0217 |
| 4015 | 0.000779 | 0.0223 |

Estas propiedades PVT son utilizadas para conocer el valor exacto de factor de formación de volumen y de viscosidad que se deben de utilizar para la simulación a la presión que se estas sean requeridas. Esto se realiza con un pequeño código numérico que se encarga de conocer el valor necesario de B y μ que sea necesario. El código se puede analizar en el Apéndice 1.

Otros datos de entrada del yacimiento para los casos de aplicación son los siguientes:

Variable	Valor
N	150
L	10000 ft
Δx	L/N ft
h	30 ft
Δy	200 ft
Ø	13%
K	15 mD
P0	4015 psia

Los casos de simulaciones presentados a continuación son simulaciones de un yacimiento de gas seco con fronteras selladas. Los gráficos mostrados serán la simulación de los perfiles de presión durante un lapso de tiempo, así como otros gráficos que representan diferentes rasgos del yacimiento simulado.

Caso de un pozo a producción constante

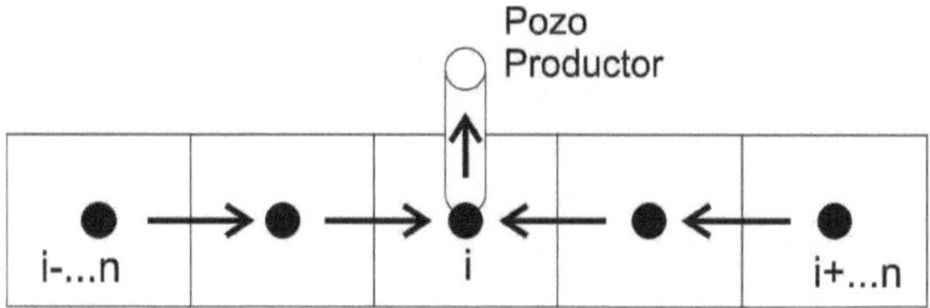

Figura 10. Esquema en el caso de un pozo productor en el yacimiento.

La Figura 10 es una representación gráfica de la simulación. En este caso en el sistema se tiene un pozo con un gasto de $1x10^6$ SCF/D de manera constante por el tiempo simulado de 120 días.

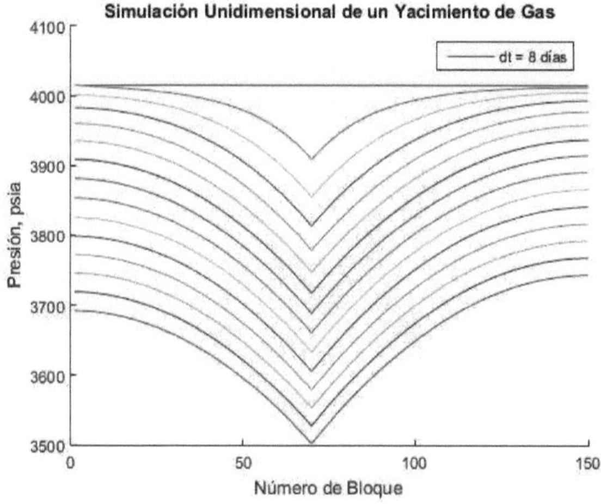

Figura 11. Perfiles de Presión en el caso de un Pozo a Producción Constante.

49

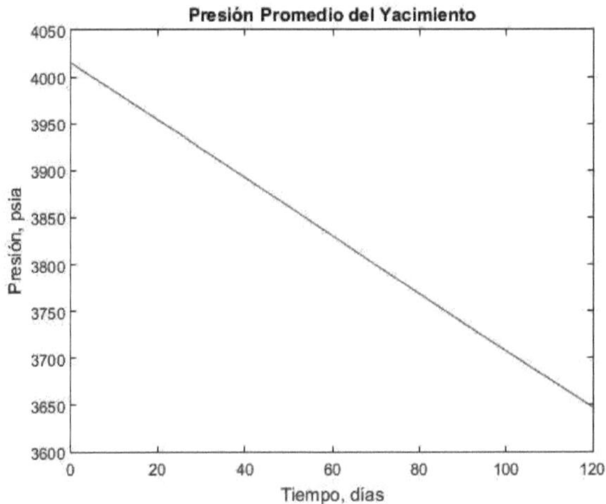

Figura 12. Presión Promedio del Yacimiento con un Pozo a Producción Constante.

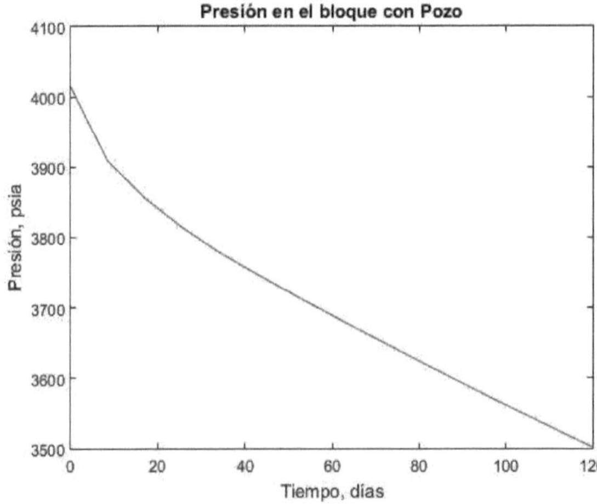

Figura 13. Presión en el Bloque con Pozo en el caso de un Pozo a Producción Constante.

Con el análisis de estos gráficos se puede observar en la Figura 11 de los perfiles de presión que el sistema tiene en las fronteras caídas de presión, esto quiere decir que las fronteras son selladas por lo que no se tiene algún tipo de intrusión de otro sistema como puede ser un acuífero en los alrededores del yacimiento. En este gráfico se puede observar que el pozo se encuentra ubicado alrededor del bloque 70 por lo que la caída de presión es hacia dicho punto. Otro factor a realizar es la caída de presión que sufre el yacimiento ya que en alrededor de 4 meses (120 días de simulación) se tuvo una disminución de ±500 psia lo cual se tiene que tomar en consideración para el plan de explotación del yacimiento. La Figura 12 para este caso es de muy fácil análisis ya que como su nombre lo indica es la presión promedio del yacimiento que, al tener un pozo a producción constante, su caída de presión será de manera constante siempre que el pozo se encuentre activo. Algo interesante sería cerrar el pozo y observar el tiempo y la cantidad de presión que se puede estabilizar en el yacimiento. La Figura 13 nos muestra la Presión en el Bloque con Pozo el cual es de suma importancia su análisis ya que con este gráfico se podría deducir si se tiene algún tipo de daño en el pozo para así realizar la estimulación necesaria. Este gráfico se puede ejemplificar también como la Presión de Fondo de Pozo debido a que el gas se va expandiendo durante el proceso de explotación hasta llegar a superficie, entonces la presión de fondo de pozo y la presión en superficie no llegan a tener una diferencia muy grande.

Caso con varios pozos en el sistema.

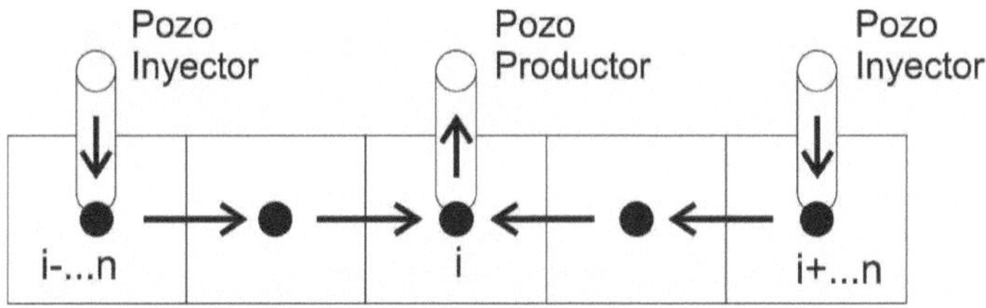

Figura 14. Esquema en el caso de varios pozos en el yacimiento.

Para este caso en el sistema se tiene la configuración de pozos mostrada en la Figura 14 con una tasa de producción de 1×10^6 SCF/D y tasas de inyección de 100000 SCF/D, donde no se especifica el fluido inyectado, los cuales tienen intervalos de producción e inyección, es decir, no son tasas constantes a lo largo del tiempo simulado.

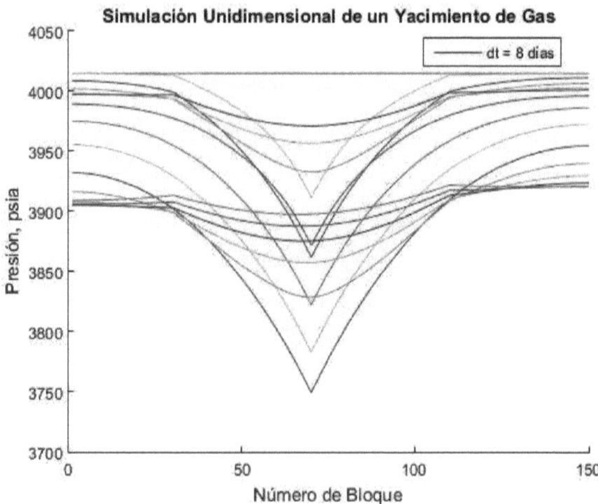

Figura 15. Perfiles de Presión en el caso de Varios Pozos en el Yacimiento.

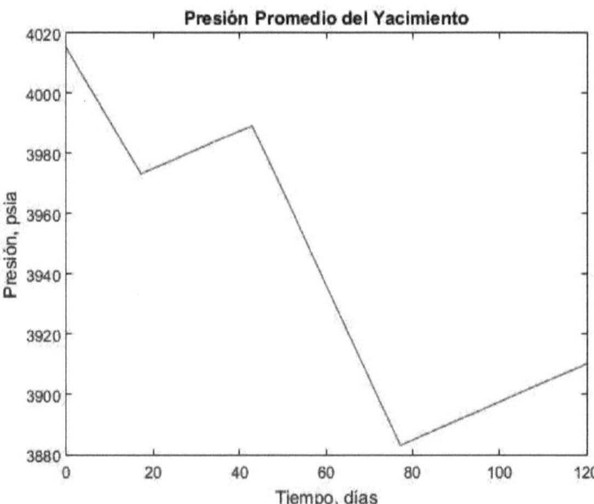

Figura 16. Presión Promedio del Yacimiento con Varios Pozos en éste.

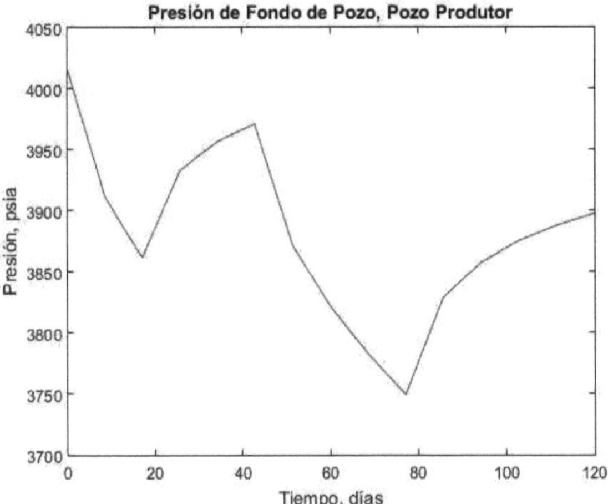

Figura 17. Presión de Fondo de Pozo Productor.

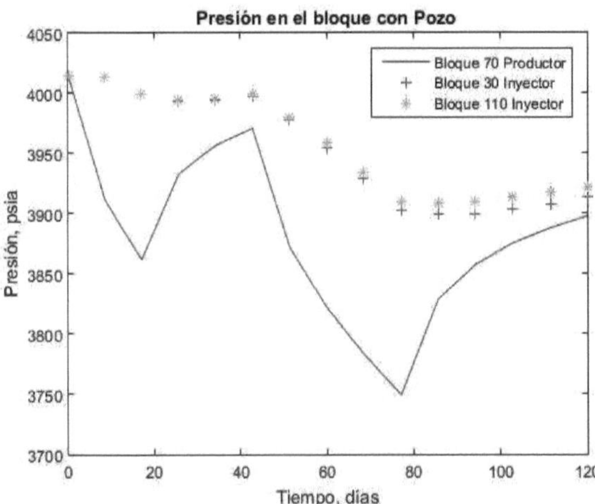

Figura 18. Presión en los Bloques con Pozo en el caso de Varios Pozos en el Yacimiento.

Para este caso se tienen varios factores a analizar. Primero en la Figura 15 referente a los perfiles de presión, se pueden observar fácilmente el impacto que genera el no tener el pozo a producción constante ya que el yacimiento estabiliza un poco la presión, esto por la expansión del gas. También se observa fácilmente el impacto de los pozos inyectores que se representan con el cambio abrupto en los perfiles de presión generando un cambio en las curvas representando las caídas de presión, afectando éstos también para una mejor estabilización de la presión en el yacimiento. Igual que en el caso anterior, se tienen fronteras selladas por lo que no hay cuerpos intrusivos en el sistema. En la Figura 16 se puede observar el impacto generado en la presión del yacimiento por los pozos al momento de cerrar la producción y dejar que se estabilice la presión mediante el tiempo y mediante la inyección. Con la Figura 17 podemos observar la presión de fondo del pozo productor ubicado en el bloque 70. Con éste gráfico se puede estudiar y diseñar una explotación que optimice la producción durante más tiempo aparte de conocer más a detalle diferentes propiedades del yacimiento como también si se tiene algún tipo de daño en el pozo. Como se mencionó en el caso anterior, la Presión de Fondo tiene una relación con la Presión en el Bloque que se puede observar en la Figura 18. La presión de fondo y la presión en el bloque 70, donde se tiene el pozo productor, no tienen una diferencia visible, sin embargo, este no sería igual para el caso de los pozos inyectores, esto quiere decir que la diferencia de presión de fondo y presión en el bloque solo es despreciable para el caso de los pozos productores de gas.

Apéndice 1.

Código numérico para conocer el valor necesario de B y μ para la presión que estas sean
requeridas.

```matlab
function y = interpolacion(A,xi)

[m,n] = size(A);

for i=1:m
    if xi<=A(i,1)
        break
    end
end

if i==1
    y=A(1,2);
else
    y=((A(i,2)-A(i-1,2))/(A(i,1)-A(i-1,1))*(xi-A(i-1,1))+A(i-1,2));
end

if xi>=A(m,1)
    y=A(m,2);
end
```

Apendice 2

Código numérico utilizado para el caso de un pozo a producción constante.

```
clc, clear all
format long

%%PROPIEDADES PVT
B = [215, 0.016654;
     415, 0.008141;
     615, 0.005371;
     815, 0.003956;
     1015, 0.003114;
     1215, 0.002544;
     1415, 0.002149;
     1615, 0.001857;
     1815, 0.001630;
     2015, 0.001459;
     2215, 0.001318;
     2415, 0.001201;
     2615, 0.001109;
     2815, 0.001032;
     3015, 0.000972;
     3215, 0.000922;
     3415, 0.000878;
     3615, 0.000840;
     3815, 0.000808;
     4015, 0.000779];

 mu = [215, 0.0126;
     415, 0.0129;
     615, 0.0132;
     815, 0.0135;
     1015, 0.0138;
     1215, 0.0143;
     1415, 0.0147;
     1615, 0.0152;
     1815, 0.0156;
     2015, 0.0161;
     2215, 0.0167;
     2415, 0.0173;
     2615, 0.0180;
     2815, 0.0186;
     3015, 0.0192;
     3215, 0.0198;
     3415, 0.0204;
     3615, 0.0211;
     3815, 0.0217;
     4015, 0.0223];


N = 150; %numero de bloques
L = 10000; %Longitud del yacimiento, ft
Tf = 120; %tiempo de simulacion, Dias
M = 15; %numero de puntos en el tiempo
```

```matlab
Dt = Tf/(M-1);
alphac = 5.614583; %factor de conversion de volumen, customary units
h = 30; %espesor del yacimiento, ft
Dy = 200; %ancho de cada bloque, ft
P0 = 4015; %presion inicial del yacimiento, psia
betac=0.001127; %factor de conversion de transmisividad
gammac = 0.21584e-3; %factor de conversion de la gravedad
g = 32.174; %aceleracion de la gravedad ft/sec2
rhosc = .61*.0765; %densidad del gas a sc lbm/ft3
phi = 0.13;%porosidad
iter = zeros(M,1); %iteraciones para cada tiempo
pprom = zeros(M,1); %presion promedio psi
pwf= zeros(N,M); %presion de fondo de pozo psi

T = zeros(N-1,1); %vector de trasmisividades SCF/D-psi
gamma=zeros(N-1,1); %fase de gravedad
G = zeros(N-1,1); %vector de factores geometricos RB-cp/D-psi
kx = 15*ones(N,1); %vector de permeabilidad en x, mD
q = zeros(N,1); %vector de produccion de pozos
chord = zeros(N,1); %chord slope
z = 10000*ones(N,1); %profundidad de cada bloque, ft
Dx = (L/N)*ones(N,1); %profundidad de cada bloque, ft
Vb = Dx*Dy*h; %volumen de cada bloque, ft3
t = 0:Dt:Tf; %vector de tiempos

p = zeros(N,M); %matriz de presion, psia
p(:,1) = P0;
Ax=Dy*h;
q(70) = -1e6; %scf/D

pnew = p(:,1);

for i=1:N-1
    G(i)=(2*betac)/((Dx(i+1)/(Ax*kx(i+1)))+(Dx(i)/(Ax*kx(i))));
    T(i)=G(i)*(1/(interpolacion(mu,pnew(i))*interpolacion(B,pnew(i))));
    gamma(i)= gammac*(rhosc/interpolacion(B,pnew(i)))*g;
end

%solucion al t=2
A = zeros(N);
b = zeros(N,1);

b(1) = P0; % Condicion de fronter a P fija
for i=1:N
    chord(i) = (phi/interpolacion(B,pnew(i)-1) - phi/interpolacion(B,P0))
/ (pnew(i)-1-P0);
end

for i=2:N-1
    b(i)= -q(i) -(Vb(i)/(alphac*Dt))*chord(i)*p(i,1) +T(i-1)*gamma(i-
1)*(z(i-1)-z(i))+...
        T(i)*gamma(i)*(z(i+1)-z(i));
end
```

```matlab
b(N) = T(N-1)*gamma(N-1)*(z(N-1) - z(N)) - q(N) -
Vb(N)*chord(N)/(alphac*Dt)*p(N,1);

A(1,1)=1; % Condicion de fronter a P fija
A(1,2)=0*T(1); % Condicion de fronter a P fija

A(N,N-1)=T(N-1); % Condicion de fronter sellada
A(N,N)= -T(N-1) - Vb(i)/(alphac*Dt)*chord(N); % Condicion de fronter
sellada

for i=2:N-1
    A(i,i-1)=T(i-1);
    A(i,i)=-T(i-1)-T(i)-(Vb(i)/(alphac*Dt))*chord(i);
    A(i,i+1)=T(i);
end

p(:,2)=inv(A)*b;
pnew = p(:,2);

error = 1;
while error > 0.000001

    for i=1:N-1
        G(i)=(2*betac)/((Dx(i+1)/(Ax*kx(i+1)))+(Dx(i)/(Ax*kx(i))));

T(i)=G(i)*(1/(interpolacion(mu,pnew(i))*interpolacion(B,pnew(i))));
        gamma(i)= gammac*(rhosc/interpolacion(B,pnew(i)))*g;
    end

    %solucion al t=2
    A = zeros(N);
    b = zeros(N,1);


    b(1) = P0; % Condicion de fronter a P fija
    for i=1:N
        chord(i) = (phi/interpolacion(B,pnew(i)) -
phi/interpolacion(B,P0)) / (pnew(i)-P0);
    end

    for i=2:N-1
        b(i)= -q(i) -(Vb(i)/(alphac*Dt))*chord(i)*p(i,1) +T(i-1)*gamma(i-
1)*(z(i-1)-z(i))+...
            T(i)*gamma(i)*(z(i+1)-z(i));
    end

    %Condición de frontera sellada
    b(N) = T(N-1)*gamma(N-1)*(z(N-1) - z(N)) - q(N) -
Vb(N)*chord(N)/(alphac*Dt)*p(N,1);

    A(1,1)=1; % Condicion de fronter a P fija
    A(1,2)=0*T(1); % Condicion de fronter a P fija

        A(N,N-1)=T(N-1); % Condicion de fronter sellada
```

```matlab
        A(N,N)= -T(N-1) - Vb(i)/(alphac*Dt)*chord(N); % Condicion de
fronter sellada

    for i=2:N-1
        A(i,i-1)=T(i-1);
        A(i,i)=-T(i-1)-T(i)-(Vb(i)/(alphac*Dt))*chord(i);
        A(i,i+1)=T(i);
    end

    pold = p(:,2);
    p(:,2)= inv(A)*b;
    pnew = p(:,2);

    error = 0;
    for i=1:N
        error = error + (pnew(i)-pold(i))^2;
    end
    iter(2)= iter(2)+1;

  end


  for n = 3:M
    pnew = p(:,n-1);
    error = 1;
    while error > 0.000001

        for i=1:N-1
            G(i)=(2*betac)/((Dx(i+1)/(Ax*kx(i+1)))+(Dx(i)/(Ax*kx(i))));

T(i)=G(i)*(1/(interpolacion(mu,pnew(i))*interpolacion(B,pnew(i))));
            gamma(i)= gammac*(rhosc/interpolacion(B,pnew(i)))*g;
        end

        %solucion al t=n
        A = zeros(N);
        b = zeros(N,1);

        %condicion de frontera sellada
        b(1) = T(1)*gamma(1)*(z(2) - z(1)) - q(1) -
Vb(1)*chord(1+1)/(alphac*Dt)*p(1,n-1);

        for i=1:N
            chord(i) = (phi/interpolacion(B,pnew(i)) -
phi/interpolacion(B,p(i,n-2))) / (pnew(i)-p(i,n-2));
        end

        for i=2:N-1
            b(i)= -q(i) -(Vb(i)/(alphac*Dt))*chord(i)*p(i,n-1) +T(i-
1)*gamma(i-1)*(z(i-1)-z(i))+...
                T(i)*gamma(i)*(z(i+1)-z(i));
        end

        %condición de frontera sellada
```

```matlab
        b(N) = T(N-1)*gamma(N-1)*(z(N-1) - z(N)) - q(N) -
Vb(N)*chord(N)/(alphac*Dt)*p(N,n-1);

        A(1,1)=-T(1)-Vb(1)*chord(1+1)/(alphac*Dt); % Condicion de
frontera sellada
        A(1,2)=T(1); % Condicion de frontera sellada


        A(N,N-1)=T(N-1); % Condicion de fronter sellada
        A(N,N)= -T(N-1) - Vb(i)/(alphac*Dt)*chord(N); % Condicion de
frontera sellada

        for i=2:N-1
            A(i,i-1)=T(i-1);
            A(i,i)=-T(i-1)-T(i)-(Vb(i)/(alphac*Dt))*chord(i);
            A(i,i+1)=T(i);
        end

        pold = p(:,n);
        p(:,n)= inv(A)*b;
        pnew = p(:,n);

        error = 0;
        for i=1:N
            error = error + (pnew(i)-pold(i))^2;
        end

    end
    iter(n) = iter(n)+1;

end

for i=1:N
  for n=1:M
     pwf(i,n) = (((interpolacion(B,p(i,n))*interpolacion(mu,p(i,n)))/...
(2*betac)/((Dx(i)/(Ax*kx(i)))+(Dx(i)/(Ax*kx(i)))))*q(i))+p(i,n);
  end
end

figure(1)
for n = 1:M
    hold on
    plot(1:N,p(:,n)),title('Simulación Unidimensional de un Yacimiento
de Gas'),ylabel('Presión, psia'),xlabel('Número de Bloque')...
        ,legend('dt = 8 días')
end

for n=1:M
pprom(n) = sum(p(:,n))/N;
end

figure(2)
plot(t,pprom),title('Presión Promedio del Yacimiento'),ylabel('Presión,
psia'),xlabel('Tiempo, días')
```

```
 figure(3)
 plot(t,p(70,:)),title('Presión en el bloque con Pozo'),ylabel('Presión,
psia'),xlabel('Tiempo, días')
```

Apendice 3

Código Numérico utilizado para el caso de varios pozos en el yacimiento.

```matlab
clc, clear all
format long

%%PROPIEDADES PVT
B = [215, 0.016654;
     415, 0.008141;
     615, 0.005371;
     815, 0.003956;
     1015, 0.003114;
     1215, 0.002544;
     1415, 0.002149;
     1615, 0.001857;
     1815, 0.001630;
     2015, 0.001459;
     2215, 0.001318;
     2415, 0.001201;
     2615, 0.001109;
     2815, 0.001032;
     3015, 0.000972;
     3215, 0.000922;
     3415, 0.000878;
     3615, 0.000840;
     3815, 0.000808;
     4015, 0.000779];

 mu = [215, 0.0126;
     415, 0.0129;
     615, 0.0132;
     815, 0.0135;
     1015, 0.0138;
     1215, 0.0143;
     1415, 0.0147;
     1615, 0.0152;
     1815, 0.0156;
     2015, 0.0161;
     2215, 0.0167;
     2415, 0.0173;
     2615, 0.0180;
     2815, 0.0186;
     3015, 0.0192;
     3215, 0.0198;
     3415, 0.0204;
     3615, 0.0211;
     3815, 0.0217;
     4015, 0.0223];


N = 150; %numero de bloques
L = 10000; %Longitud del yacimiento, ft
Tf = 120; %tiempo de simulacion, Dias
M = 15; %numero de puntos en el tiempo
```

```matlab
Dt = Tf/(M-1);
alphac = 5.614583; %factor de conversion de volumen, customary units
h = 30; %espesor del yacimiento, ft
Dy = 200; %ancho de cada bloque, ft
P0 = 4015; %presion inicial del yacimiento, psia
betac=0.001127; %factor de conversion de transmisividad
gammac = 0.21584e-3; %factor de conversion de la gravedad
g = 32.174; %aceleracion de la gravedad ft/sec2
rhosc = .61*.0765; %densidad del gas a sc lbm/ft3
phi = 0.13;%porosidad
iter = zeros(M,1); %iteraciones para cada tiempo
pprom = zeros(M,1); %presion promedio psi
pwf= zeros(N,M); %presion de fondo de pozo psi

T = zeros(N-1,1); %vector de trasmisividades SCF/D-psi
gamma=zeros(N-1,1); %fase de gravedad
G = zeros(N-1,1); %vector de factores geometricos RB-cp/D-psi
kx = 15*ones(N,1); %vector de permeabilidad en x, mD
q = zeros(N,1); %vector de produccion de pozos
chord = zeros(N,1); %chord slope
z = 10000*ones(N,1); %profundidad de cada bloque, ft
Dx = (L/N)*ones(N,1); %profundidad de cada bloque, ft
Vb = Dx*Dy*h; %volumen de cada bloque, ft3
t = 0:Dt:Tf; %vector de tiempos

p = zeros(N,M); %matriz de presion, psia
p(:,1) = P0;
Ax=Dy*h;
q(70) = -1e6; %scf/D
q(30) = 100000;
q(110) = 100000;

pnew = p(:,1);

for i=1:N-1
    G(i)=(2*betac)/((Dx(i+1)/(Ax*kx(i+1)))+(Dx(i)/(Ax*kx(i))));
    T(i)=G(i)*(1/(interpolacion(mu,pnew(i))*interpolacion(B,pnew(i))));
    gamma(i)= gammac*(rhosc/interpolacion(B,pnew(i)))*g;
end

%solucion al t=2
A = zeros(N);
b = zeros(N,1);

b(1) = P0; % Condicion de fronter a P fija
%b(1) = T(1)*gamma(1)*(z(2) - z(1)) - q(1) -
Vb(1)*chord(1+1)/(alphac*Dt)*p(1,1);

for i=1:N
    chord(i) = (phi/interpolacion(B,pnew(i)-1) - phi/interpolacion(B,P0))
/ (pnew(i)-1-P0);
end

for i=2:N-1
```

```matlab
        b(i)= -q(i)  -(Vb(i)/(alphac*Dt))*chord(i)*p(i,1)  +T(i-1)*gamma(i-
1)*(z(i-1)-z(i))+...
            T(i)*gamma(i)*(z(i+1)-z(i));
end


b(N)  =  T(N-1)*gamma(N-1)*(z(N-1)  -  z(N))  -  q(N)  -
Vb(N)*chord(N)/(alphac*Dt)*p(N,1);

A(1,1)=1; % Condicion de fronter a P fija
A(1,2)=0*T(1); % Condicion de fronter a P fija
%A(1,1)=-T(1)-Vb(1)*chord(1+1)/(alphac*Dt); % Condicion de frontera
sellada
%A(1,2)=T(1); % Condicion de frontera sellada

A(N,N-1)=T(N-1); % Condicion de fronter sellada
A(N,N)= -T(N-1)  - Vb(i)/(alphac*Dt)*chord(N); % Condicion de fronter
sellada

for i=2:N-1
    A(i,i-1)=T(i-1);
    A(i,i)=-T(i-1)-T(i)-(Vb(i)/(alphac*Dt))*chord(i);
    A(i,i+1)=T(i);
end

p(:,2)=inv(A)*b;
pnew = p(:,2);

error = 1;
while error > 0.000001

    for i=1:N-1
        G(i)=(2*betac)/((Dx(i+1)/(Ax*kx(i+1)))+(Dx(i)/(Ax*kx(i))));

T(i)=G(i)*(1/(interpolacion(mu,pnew(i))*interpolacion(B,pnew(i))));
        gamma(i)= gammac*(rhosc/interpolacion(B,pnew(i)))*g;
    end

    %solucion al t=2
    A = zeros(N);
    b = zeros(N,1);


    b(1) = P0; % Condicion de fronter a P fija
    %condicion de frontera sellada
    %b(1) = T(1)*gamma(1)*(z(2) - z(1)) - q(1) -
Vb(1)*chord(1+1)/(alphac*Dt)*p(1,1);

    for i=1:N
        chord(i) = (phi/interpolacion(B,pnew(i)) -
phi/interpolacion(B,P0)) / (pnew(i)-P0);
    end

    for i=2:N-1
        b(i)= -q(i)  -(Vb(i)/(alphac*Dt))*chord(i)*p(i,1)  +T(i-1)*gamma(i-
1)*(z(i-1)-z(i))+...
```

```matlab
                T(i)*gamma(i)*(z(i+1)-z(i));
    end


    %Condición de frontera sellada
    b(N) = T(N-1)*gamma(N-1)*(z(N-1) - z(N)) - q(N) -
Vb(N)*chord(N)/(alphac*Dt)*p(N,1);

    A(1,1)=1; % Condicion de fronter a P fija
    A(1,2)=0*T(1); % Condicion de fronter a P fija
    %A(1,1)=-T(1)-Vb(1)*chord(1+1)/(alphac*Dt); % Condicion de frontera
sellada
    %A(1,2)=T(1); % Condicion de frontera sellada


        A(N,N-1)=T(N-1); % Condicion de fronter sellada
        A(N,N)= -T(N-1) - Vb(i)/(alphac*Dt)*chord(N); % Condicion de
fronter sellada

    for i=2:N-1
        A(i,i-1)=T(i-1);
        A(i,i)=-T(i-1)-T(i)-(Vb(i)/(alphac*Dt))*chord(i);
        A(i,i+1)=T(i);
    end

    pold = p(:,2);
    p(:,2)= inv(A)*b;
    pnew = p(:,2);

    error = 0;
    for i=1:N
        error = error + (pnew(i)-pold(i))^2;
    end
    iter(2)= iter(2)+1;

 end


for n = 3:M
    if t(n) > 20
        q(70) = 0;
    end

    if t(n) > 50
        q(70) = -1e6;
    end

    if t(n) > 80
        q(70) = 0;
    end

      if t(n) > 20
        q(30) = 100000;
    end
```

```matlab
    if t(n) > 50
        q(30) = 0;
    end

    if t(n) > 80
        q(30) = 100000;
    end
      if t(n) > 20
        q(110) = 100000;
    end

    if t(n) > 50
        q(110) = 0;
    end

    if t(n) > 80
        q(110) = 100000;
    end
    pnew = p(:,n-1);
    error = 1;
    while error > 0.000001

        for i=1:N-1
            G(i)=(2*betac)/((Dx(i+1)/(Ax*kx(i+1)))+(Dx(i)/(Ax*kx(i))));

T(i)=G(i)*(1/(interpolacion(mu,pnew(i))*interpolacion(B,pnew(i))));
            gamma(i)= gammac*(rhosc/interpolacion(B,pnew(i)))*g;
        end

        %solucion al t=n
        A = zeros(N);
        b = zeros(N,1);

        %condicion de frontera sellada
        b(1) = T(1)*gamma(1)*(z(2) - z(1)) - q(1) -
Vb(1)*chord(1+1)/(alphac*Dt)*p(1,n-1);

        for i=1:N
            chord(i) = (phi/interpolacion(B,pnew(i)) -
phi/interpolacion(B,p(i,n-2))) / (pnew(i)-p(i,n-2));
        end

        for i=2:N-1
            b(i)= -q(i) -(Vb(i)/(alphac*Dt))*chord(i)*p(i,n-1) +T(i-
1)*gamma(i-1)*(z(i-1)-z(i))+...
                T(i)*gamma(i)*(z(i+1)-z(i));
        end

        %condición de frontera sellada
        b(N) = T(N-1)*gamma(N-1)*(z(N-1) - z(N)) - q(N) -
Vb(N)*chord(N)/(alphac*Dt)*p(N,n-1);

        A(1,1)=-T(1)-Vb(1)*chord(1+1)/(alphac*Dt); % Condicion de
frontera sellada
        A(1,2)=T(1); % Condicion de frontera sellada
```

```matlab
        A(N,N-1)=T(N-1); % Condicion de fronter sellada
        A(N,N)= -T(N-1) - Vb(i)/(alphac*Dt)*chord(N); % Condicion de
frontera sellada

        for i=2:N-1
            A(i,i-1)=T(i-1);
            A(i,i)=-T(i-1)-T(i)-(Vb(i)/(alphac*Dt))*chord(i);
            A(i,i+1)=T(i);
        end

        pold = p(:,n);
        p(:,n)= inv(A)*b;
        pnew = p(:,n);

        error = 0;
        for i=1:N
            error = error + (pnew(i)-pold(i))^2;
        end

        %disp(error);
    end
    iter(n) = iter(n)+1;

end

for i=1:N
  for n=1:M
     pwf(i,n) = (((interpolacion(B,p(i,n))*interpolacion(mu,p(i,n)))/...
(2*betac)/((Dx(i)/(Ax*kx(i)))+(Dx(i)/(Ax*kx(i)))))*q(i))+p(i,n);
  end
end

figure(1)
for n = 1:M
    hold on
    plot(1:N,p(:,n)),title('Simulación Unidimensional de un Yacimiento
de Gas'),ylabel('Presión, psia'),xlabel('Número de Bloque')...
        ,legend('dt = 8 días')
end

for n=1:M
pprom(n) = sum(p(:,n))/N;
end

figure(2)
plot(t,pprom),title('Presión Promedio del Yacimiento'),ylabel('Presión,
psia'),xlabel('Tiempo, días')

figure(3)
plot(t,pwf(70,:)),title('Presión de Fondo de Pozo, Pozo
Produtor'),ylabel('Presión, psia'),xlabel('Tiempo, días')
```

```
 figure(4)
 plot(t,p(70,:),t,p(30,:),'+',t,p(110,:),'*'),title('Presión en el bloque
con Pozo'),ylabel('Presión, psia'),xlabel('Tiempo, días'),legend('Bloque
70 Productor','Bloque 30 Inyector','Bloque 110 Inyector')
```

Bibliografía

Abou-Kassem, J. H., Ali, S. M., & Islam, M. R. (2006). *Petroleum Reservoir Simulation: A basic approach.* Houston: Gulf Publishing Company.

Archer, J., & Wall, C. (1986). *Petroleum Engineering: Principles and Practice.* Gaithersburg: Graham and Trotman Inc.

Bidner, M. S. (2001). *Propiedades de la Roca y los Fluidos en Reservorios de Petróleo.* Ciudad de Buenos Aires: Editorial Universitaria de Buenos Aires.

Bidner, M. S. (2001). *Propiedades de la Roca y los Fluidos en Reservorios de Petróleo.* Buenos Aires: Editorial Universitaria de Buenos Aires.

Chierici, G. L. (1994). *Principles of Petroleum Reservoir Engineering, Vol. 1.* Springer-Verlag Berlin Heidelberg.

Chierici, G. L. (1995). *Principles of Petroleum Reservoir Engineering Vol. 2.* Bolonia: Springer-Verlag .

Ferrer Durá, D., & Aguilar Madera, C. G. (2017). *Simulador 1D de un Yacimiento de Petróleo.* Editorial Académica Española.

Horne, R. (1990). *Modern Well Test Analysis. Second Edition.* Palo Alto, California: Petroway, Inc.

Lee, J., & Wattenbarger, R. A. (1996). *Gas Reservoir Engineering.* Richardson, Texas: Society of Petroleum Engineers.

Macualo, F. H. (2012). *Fundamentos de Ingeniería de Yacimientos.* Colombia: Editorial Universidad Surcolombiana.

McCain, W. D. (1990). *The Properties of Petroleum Fluids Second Edition.* Tulsa, Oklahoma: PennWell Publishing Company.

McCoy, J. (1984). *Reservoir Analysis By Wireline Formation Tester: Pressures, Permeabilities, Gradients and Net Pay.* Cooke-Yarborqugh: Society of Petrophysicist and Well-Log Analysts.

Standing, M. (1977). *Volumetric and phase behavior of oil field hydrocarbon systems.* Richardson, Texas: Society of Petroleum Engineers.

Standing, M. B., & Katz, D. L. (1941). *Density of Natural Gases.* Nueva York: AIME Technical Publication No. 1323.

Sutton, R. (1985). *Compressibility Factors for High-Molecular-Weight Reservoir Gases.* Las Vegas: Society of Petroleum Engineers.

Buy your books fast and straightforward online - at one of the world's fastest growing online book stores! Environmentally sound due to Print-on-Demand technologies.

Buy your books online at

www.get-morebooks.com

¡Compre sus libros rápido y directo en internet, en una de las librerías en línea con mayor crecimiento en el mundo! Producción que protege el medio ambiente a través de las tecnologías de impresión bajo demanda.

Compre sus libros online en

www.morebooks.es

SIA OmniScriptum Publishing
Brivibas gatve 1 97
LV-103 9 Riga, Latvia
Telefax: +371 68620455

info@omniscriptum.com
www.omniscriptum.com